Walter Kleesattel

Gentechnik

POCKET THEMA

W0040573

SCRIPTOR

Der Autor
Dr. Walter Kleesattel studierte in Stuttgart und Hohenheim Zoologie, Botanik und
Geografie und promovierte mit einem phylogenetischen Thema in der Zoologie.
Er unterrichtet als Studiendirektor Biologie und Geografie an einem Gymnasium
und ist seit vielen Jahren als Autor von Lehr- und Sachbüchern tätig. Darüber hinaus wirkt er als wissenschaftlicher Berater bei Naturdokumentationen des Fernse-
hens mit und recherchiert weltweit vor Ort.

 http://www.cornelsen.de

Gedruckt auf chlorfrei gebleichtem Papier
ohne Dioxinbelastung der Gewässer.

Die Deutsche Bibliothek – CIP-Einheitsaufnahme
Kleesattel, Walter:
Gentechnik / Kleesattel, Walter. – Berlin : Cornelsen Scriptor, 2002
    (Pocket Thema)
    ISBN 3-589-21661-1

Dieses Werk berücksichtigt die Regeln der reformierten Rechtschreibung und
Zeichensetzung.

5. 4. 3. 2. 1.   Die letzten Ziffern bezeichnen
06 05 04 03 02   Zahl und Jahr der Auflage.

Redaktion: Maria Bley, Baldham
Umschlaggestaltung: Bauer + Möhring, Berlin,
unter Verwendung eines Fotos von Imagebank, Berlin
Layout und Herstellung: Julia Walch, Bad Soden
Zeichnungen: Uta Mackensen, Heidelberg
Druck und Bindearbeiten: Clausen & Bosse, Leck
Printed in Germany
ISBN 3-589-21661-1
Bestellnummer 216611

Inhalt

Molekularbiologische Forschungsergebnisse haben in den letzten Jahren nicht nur die gesamte Biologie und Medizin revolutioniert, sie nehmen auch in der gesellschaftspolitischen Diskussion eine immer zentralere Rolle ein. Auf der einen Seite stehen immer mehr Menschen dem Einsatz der Gentechnik in den Bereichen der medizinischen Grundlagenforschung und der Therapie bisher nicht behandelbarer Krankheiten positiv gegenüber, auf der anderen Seite verspüren vielleicht noch mehr Menschen Ängste angesichts dieser neuen Technologie und fragen nach dem möglichen Risikopotenzial.

Als *Biotechnologie* wird der wirtschaftliche Einsatz lebender Organismen bereits seit Jahrtausenden betrieben. Der Mensch machte sich schon früh die Stoffwechselleistungen von Mikroorganismen zunutze, um Nahrungs- und Genussmittel wie Brot, Joghurt, Essig, Bier und Wein herzustellen. Eine verbesserte und weiterentwickelte Nutzung biologischer Prozesse wurde in der Pflanzen- und Tierzucht sowie in jüngster Zeit bei der Gewinnung neuer Nahrungsmittel und Medikamente angewendet. Auch die Kreuzung verschiedener Arten gelang mit biotechnologischen (genauer: reproduktionstechnischen) Methoden, zu denen die Befruchtung einer Eizelle im Reagenzglas (In-vitro-Fertilisation) zählt.

Die *Gentechnologie* (kurz: *Gentechnik*) als neuer, eigenständiger Zweig der Biotechnologie geht einen Schritt weiter. Mit Hilfe molekulargenetischer Verfahren wird die genetische Information einer Zelle gezielt verändert. Gene von völlig verschiedenen Organismen können eingeschleust, zelleigene Gene ausgeschaltet werden.

In unserem täglichen Leben spielt die Gentechnik eine viel realere Rolle, als vielen bewusst ist. So werden heute bereits viele Medikamente und Impfstoffe gentechnologisch hergestellt und beim Nachweis von Krankheitserregern wird die Gentechnik ebenso eingesetzt wie zur Diagnose von Erbkrankheiten, zum Vaterschaftstest oder zur Blutgruppenbestimmung. Während sich Verfahren zur Heilung erblich bedingter Krankheiten durch Gentherapie derzeit noch in der Phase der Grundlagenforschung befinden, werden gentechnische Methoden bei der Verbrecherfahndung oder in der Archäologie bereits angewendet. Im Jahre 1990 wurden erstmals zwei Kinder gentherapeutisch behandelt. Sie litten an einer seltenen Erbkrankheit, bei der das Enzym Adenosin-Desaminase im Immunsystem fehlt und Infektionen lebensbedrohlich sind.

Mit Hilfe von Automaten wird heute Genom für Genom, also jeweils die Gesamtheit aller Erbanlagen eines Lebewesens, entschlüsselt. Die Analyse des menschlichen Erbgutes kann eine verbesserte genetische Beratung und vorgeburtliche Diagnostik ermöglichen.

Natürlich werfen die Gentherapie beim Menschen oder die gentechnische Veränderung von Tieren und Pflanzen ethische Fragen auf. Viele dieser Fragen werden sich aber wohl nicht endgültig beantworten lassen.

In Journalismus, Literatur, Fernsehen und Comics sind Gene und Gentechnik zum Thema geworden. Dabei implizieren die Schlagworte und Metaphern zum Teil unrealistische Möglichkeiten und leisten sowohl einer Gentechnikgläubigkeit als auch einer Gentechnikfurcht Vorschub. Dieses Buch versucht Methoden, Ziele, Chancen und Grenzen der Gentechnik leicht verständlich und sachgerecht darzustellen und so die eigene Einschätzung zu unterstützen, ob es sich bei neuen Nachrichten eher um Fakten oder um Fiktionen handelt.

Walter Kleesattel

Einleitung

Die Geburtsstunde der Gentechnik schlug 1973, als es den Amerikanern Stanley Cohen und Herbert Boyer gelang, aus dem ringförmigen Plasmid eines Escherichia-coli-Bakteriums ein Stück Erbinformation herauszuschneiden und es durch ein Gen aus einem anderen Bakterium zu ersetzen. Wenige Jahre später war diese Technik so weit fortgeschritten, dass das Gen für die Produktion von Humaninsulin in ein Bakterium übertragen und dieses zur Insulinproduktion veranlasst werden konnte.

Als Gentechnik bezeichnet man die Methode, Erbgut zu isolieren und dieses gezielt zu verändern und zu übertragen. Mit Hilfe der Gentechnik ist es möglich, einem Lebewesen eine ihm bisher fremde Erbanlage aus einem anderen Lebewesen gezielt und stabil einzubauen.

Praktisch wirksam werden die Ergebnisse der Gentechnik im Rahmen der Biotechnologie, deren Ziel die technische Nutzbarmachung der Eigenschaften und Fähigkeiten von Lebewesen, Zellen oder Zellbestandteilen ist. Die Biotechnologie ist eine der stärksten Wachstumsbranchen der Zukunft. Neue innovative Produkte wie gentechnisch hergestelle Enzyme für Waschmittel, für Nahrungsmittel oder für die Leder- und Papierverarbeitung erobern weltweit neue Märkte und die Zahl der Unternehmensgründungen in diesem Bereich boomt. In der mehr als 5000 Jahre alten Tradition der Biotechnologie mit der Nutzung von Bakterien und Hefepilzen zur Herstellung von Brot, Käse, Wein und Bier ist die Gentechnik mit knapp 30 Jahren der jüngste und am schnellsten wachsende Spross.

▶ S. 10

Die Geschichte der Genforschung

1865 Gregor Mendel entdeckt, dass Merkmale nach bestimmten Gesetzmäßigkeiten vererbt werden.

1879 Walther Flemming beobachtet die Bildung von Chromosomen, ohne deren Bedeutung zu erkennen.

1902 Unabhängig voneinander „wiederentdecken" Carl Correns, Erich von Tschermak und Hugo de Vries die Mendel'schen Regeln und weisen deren Gültigkeit auch für den Menschen nach.

1910 An der New Yorker Columbia-Universität wird das Wissenschaftsgebiet Genetik eingeführt.

1915 Thomas H. Morgan beweist die lineare Anordnung der Gene auf den Chromosomen bei der Taufliege Drosophila melanogaster.

1927 Hermann J. Muller belegt die spontane Veränderung von Genen durch Strahleneinwirkung. Der Begriff Mutation wurde bereits 1901 von de Vries eingeführt.

1944 Oswald T. Avery entdeckt, dass die Desoxyribonukleinsäure (DNA) der Träger der Erbinformation ist.

1952 Joshua Lederberg findet in der Bakterienzelle die Plasmide.

1953 James Watson und Francis Crick beschreiben die räumliche Struktur der DNA.

1953 Frederick Sanger entschlüsselt die Aminosäuresequenz des Eiweißhormons Insulin.

1963 Der Zusammenhang zwischen Genen und Eiweißbildung wird aufgeklärt (genetischer Code).

1968	Lokalisierung des ersten Genortes und Beginn der Herausgabe eines Genatlasses durch V. A. McKusick. Nucleasen werden als „Schneideenzyme", Ligasen als „Klebeenzyme" entdeckt. Ab jetzt ist eine gezielte Veränderung von Plasmiden möglich.
1970	Entdeckung des Enzyms Reverse Transkriptase.
1973	Erstmaliger Einbau eines Fremdgens in ein Bakterium (Geburtsstunde der Gentechnik)
1977	Walter Gilbert und Frederick Sanger entwickeln eine Methode zur DNA-Sequenzierung.
1979	Erstmals wird die DNA-Technik in der Diagnostik eingesetzt.
1980	Im Bodenbakterium Agrobacterium tumefaciens wird ein Vektor entdeckt, mit dem Gene artübergreifend in Pflanzen eingeführt werden können.
1983	Erste gentechnisch veränderte Pflanzen werden im Gewächshaus herangezogen.
1984	Transgene Pflanzen kommen erstmals ins Freiland.
1988	Start des Humangenomprojekts.
1989	Erste Versuche zur Gentherapie beim Menschen in den USA.
1990	Verabschiedung des ersten Gentechnikgesetzes in Deutschland.
1994	In Kalifornien gelangen die ersten gentechnisch veränderten Tomaten in den Handel.
1997	Vollständige Entzifferung des Genoms der Hefezelle mit rund 6000 Genen. Im selben Jahr wird das Klonschaf „Dolly" geboren.
1997	Erstmals werden künstliche Chromosomen hergestellt.
2000	Die Abfolge der rund drei Milliarden Basenpaare des menschlichen Genoms ist entschlüsselt.
2001	Erstmals Zucht von genmanipulierten Schweinen, deren Organe menschliche Eiweiße aufweisen und somit für Transplantationszwecke geeignet sein können.

Nach der ersten Phase der gentechnischen Produktion von Eiweißen wie dem Proteinhormon Insulin begann die zweite biotechnische Phase erst Ende der 1980-Jahre mit Beginn des Humangenomprojekts zur Entschlüsselung des menschlichen Genoms.

In den Anfangsjahren der Genetik befassten sich nur wenige Dutzend Biologen gewissermaßen individuell mit den Fragen der Vererbung. Die Gentechnik hingegen ist heute eine Großforschung, in der Tausende von Wissenschaftlern arbeiten. Während sich die *Klassische Genetik* seit Gregor Mendel mit der Weitergabe von Erbmerkmalen und den Gesetzmäßigkeiten der Vererbung befasst, untersucht die *Molekulargenetik* die molekulare Struktur der Erbinformation, die Art der Speicherung und Weitergabe der genetischen Information sowie die Prozesse, die diese Vorgänge steuern. Mit der Entschlüsselung des genetischen Codes und der Entwicklung von Methoden, Erbgut gezielt zu verändern, vollzog sich in der Genetik ein fundamentaler Wandel von einer rein beschreibenden und analytischen Grundlagenwissenschaft hin zur anwendungsorientierten *Gentechnologie.* Diese wiederum ist *der* Grundpfeiler der *Biotechnologie,* die vielfältige zukunftsträchtige Anwendungsmöglichkeiten im Bereich Gesundheit, Ernährung, Umweltschutz und Ressourcen-Schonung verspricht. Viele bezeichnen heute schon die Gentechnik in Verbindung mit der Molekularbiologie als Jahrhundertwissenschaft, die die Lebensqualität kommender Generationen sichern und verbessern kann.

In einer dritten biotechnologischen Phase ist die Gentechnik aber erst dann angelangt, wenn der sequentiellen Erforschung der Genome der Lebewesen die funktionelle Aufklärung gefolgt ist. Denn das Humangenomprojekt erbrachte bisher nur schier endlose Kolonnen der vier Buchstaben des genetischen Alphabets. Es wird wohl noch Jahrzehnte dauern, herauszufinden, welche Bedeutung die einzelnen Sequenzen haben und welche Funktionen den jeweiligen Genen zuzuschreiben ist. In die „Bibliothek des Lebens" sind die Forscher eingetreten – um aber die Sprache des Lebens wirklich zu verstehen und Leben zu verbessern, werden sie noch einige Zeit brauchen. Bei dieser Grenzüberschreitung sind sie zur ethischen Reflexion verpflichtet. Denn die Gentechnik bietet eine Chance, die der Mensch nutzen oder missbrauchen kann.

Begriffsbestimmungen

Als *Biotechnologie* bezeichnet man die Herstellung oder Veränderung chemischer Verbindungen mit Hilfe lebender Organismen (insbesondere Bakterien und Pilze) unter industriellen Verfahrensweisen.

- Darunter fallen *traditionelle Techniken* der Herstellung und Konservierung von Nahrungs- und Genussmitteln (wie Brot, Sauerkraut, Bier, Wein und Zitronensäure), die Gewinnung von Arzneimitteln (wie Penicillin und Antikörper) oder die Erzeugung landwirtschaftlicher Produkte (wie Silagen oder nachwachsende Rohstoffe).

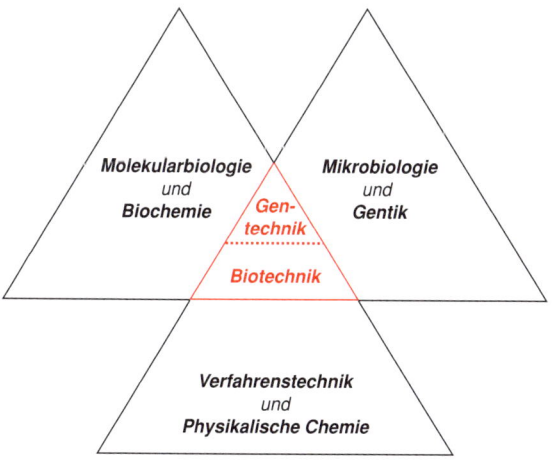

Gentechnik und Biotechnik als interdisziplinäre Wissenschaften

- Die *moderne Biotechnologie* nutzt gentechnische, molekularbiologische und zellbiologische Methoden im Rahmen technischer Verfahren bis hin zur industriellen Produktion. Dabei werden Organismen vollständig oder Bestandteile von ihnen (wie Enzyme) verwendet.

Gentechnik wird in der Regel als Teilgebiet der Biotechnologie definiert. Man versteht unter Gentechnik die gezielte Übertragung artfremder genetischer Information von einem

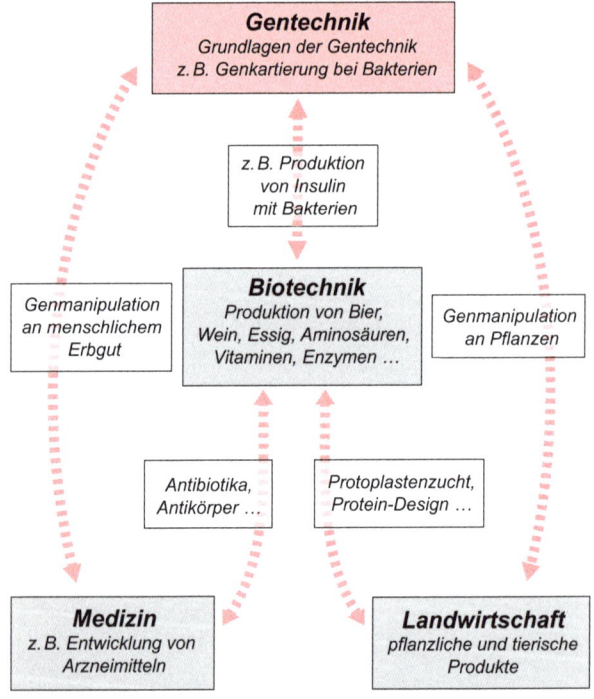

Wechselbeziehungen von Gentechnik, Biotechnik, Medizin und Landwirtschaft

Lebewesen auf ein anderes, welches dadurch neue Eigenschaften erhält. Aufgrund des gezielten Eingriffs in das Erbgut besitzt die Gentechnik eine neue Qualität. Biotechnologie ist demnach der umfassendere Begriff für eine interdisziplinäre Wissenschaft. Zwischen Biotechnik, Gentechnik, Landwirtschaft und Medizin gibt es naturgemäß zahlreiche Wechselbeziehungen.

Als *Reproduktionstechniken* bezeichnet man neue Entwicklungen der Tierzucht wie die Gewinnung und Lagerung von Samen- und Eizellen aus Elterntieren, die künstliche Befruchtung außerhalb des Muttertiers (In-vitro-Fertilisation) oder das Klonen von Embryonen. Sie finden heute auch Anwendung in der *Reproduktionsmedizin* beim Menschen (Retorten-Baby; Leihmutter). Die Reproduktionstechnik ist aber von der Gentechnik abzugrenzen, da es bei ihr nicht um eine gezielte Veränderung des Erbgutes, sondern um eine Erweiterung von Fortpflanzungsmethoden geht. Doch auch hier gibt es Überschneidungen. Gentechnische Eingriffe in Keimzellen und embryonale Zellen sind möglich. Im umstrittenen Grenzbereich der *Embryonenforschung* greifen Verfahren der Gentechnik und der Reproduktionstechnik ineinander.

I Die biologischen Grundlagen

1. Der Grundbaustein des Lebens: die Zelle

Alle Lebewesen bestehen aus Zellen, die sich entweder als Einzelzellen selbstständig vermehren oder in zusammenhängenden Zellverbänden mehrzellige Organismen bilden. Die Zelle ist die kleinste lebensfähige Einheit. Man unterscheidet heute zwei Hauptgruppen von Zellen, die sich in ihrer Struktur und teilweise auch in ihren Stoffwechselprozessen unterscheiden, die Procyten und die Eucyten.

Die *Procyte*, die Organisationsform von Bakterien und Cyanobakterien (Blaualgen), besitzt keinen membranumgrenzten Zellkern. Die Organismen dieser Gruppe werden daher auch als *Prokaryoten* bezeichnet. Ihre Erbsubstanz liegt als ringförmiges Doppelstrang-Molekül im Zellplasma und wird als Bakterienchromosom bezeichnet. Prokaryoten vermehren sich durch einfache Zweiteilung, wobei sich zuvor die Erbsubstanz (DNA) identisch verdoppelt hat.

Escherichia coli

Das Darmbakterium Escherichia coli wird seit Jahrzehnten von Mikrobiologen im Labor in sog. Fermentern gezüchtet und ist der molekulargenetisch am besten untersuchte Organismus. Unter optimalen Bedingungen in Nährlösungen bei 37 °C verdoppelt sich E. coli alle 20 Minuten, sodass innerhalb eines Tages aus einer einzigen Zelle eine Population heranwächst, die zahlenmäßig die Weltbevölkerung weit hinter sich gelassen hat. Neben der raschen und einfachen Vermehrung eignet sich E. coli für den experimentellen Umgang besonders gut, weil die verschiedenen Laborstäm-

*me außerhalb des Labors kaum überlebensfähig sind.
E. coli gehört zur Familie der Enterobacteriaceae, ist weltweit verbreitet und kommt normalerweise im Wasser, im
Kot und im Darm der Wirbeltiere vor. Es kann Durchfälle
und Harnwegsinfektionen hervorrufen und gilt als Indika-
tor-Organismus für mit Fäkalien verschmutztes Wasser.*

Die Zellen von Einzellern (wie Amöben oder Pantoffeltiere)
und von Vielzellern (wie Tiere, Pflanzen und Pilze) werden
als *Eucyten* bezeichnet. Da sie einen membranumgrenzten
Zellkern besitzen, bezeichnet man diese Lebewesen als *Eukaryoten.* Vielzeller bestehen aus Tausenden bis vielen
Milliarden oder sogar Billionen Zellen unterschiedlicher
Form und Aufgabe. Meist sind Zellen gleichen Typs zu Geweben und diese wiederum zu Organen zusammengelagert.
Der Zellteilung geht bei den Eukaryoten eine Kernteilung
(Mitose) voraus. Dabei verdichtet sich die DNA zu lichtmi-
kroskopisch sichtbaren Strukturen, den Chromosomen.

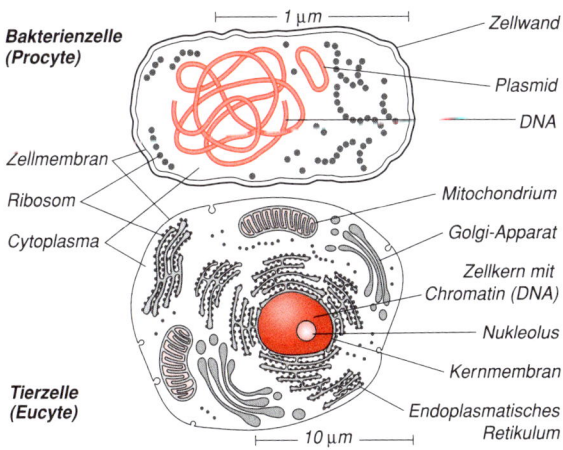

Procyte und Eucyte im Vergleich

2. Chromosomen

Jeder Zellkern jeder Körperzelle von Vielzellern enthält die gesamte genetische Information des Lebewesens. Dass sich im vielzelligen Organismus die einzelnen Zellen ihrer Lage und Aufgabe entsprechend entwickeln und ausdifferenzieren, liegt daran, dass bestimmte Erbanlagen nur in bestimmten Zellen aktiviert werden.

Die Erbanlagen (Gene) sind auf den Chromosomen im Zellkern lokalisiert. Jedes Chromosom ist für eine Vielzahl von Merkmalen verantwortlich, wobei die entsprechenden Gene wie zu einer Perlenschnur aufgereiht sind. Chromosomen bestehen aus einem langen DNA-Faden und stabilisierenden Proteinen (Histone).

Im Verlauf des Zellzyklus von einer Zellteilung bis zur erneuten Teilung der Zelle unterliegen die Chromosomen einem typischen Gestaltwandel:

- In der *Arbeitsform* liegt die DNA in Form von Chromatinfäden entspiralisiert vor und ist lichtmikroskopisch nicht sichtbar. In diesem Zustand kann die Erbinformation abgelesen (Transkription, S. 30) oder verdoppelt werden.

- In der *Transportform* während der Kernteilung ist die DNA spiralisiert und verkürzt. Jetzt hat sie eine klar umgrenzte, lichtmikroskopisch erkennbare Gestalt.

Jedes Chromosom besteht vor der Teilung aus zwei Längshälften (Chromatiden), die am Zentromer zusammenhängen. Nach der Zellteilung enthält das Chromosom *einen* DNA-Strang (Ein-Chromatid-Chromosom). Anschließend wird das DNA-Molekül identisch verdoppelt, ein Zwei-Chromatid-Chromosom mit zwei genetisch identischen Chromatiden (Schwesterchromatiden) entsteht.

Homologe Chromosomen sind paarweise auftretende Chromosomen, die eine einander entsprechende Gestalt aufweisen. Je eines der beiden homologen Chromosomen stammt ursprünglich vom Vater bzw. von der Mutter. Die Art und Weise, wie Gene bestimmte Merkmale ausprägen, ist bei ho-

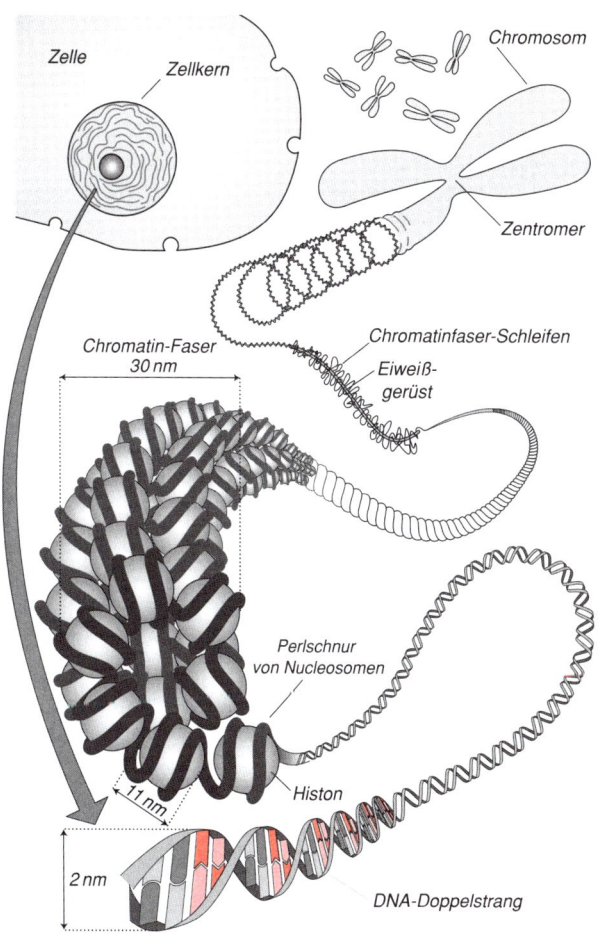

Zelle

Zellkern

Chromosom

Zentromer

Chromatinfaser-Schleifen

Eiweißgerüst

Chromatin-Faser
30 nm

Perlschnur
von Nucleosomen

11 nm

Histon

2 nm

DNA-Doppelstrang

DNA und Chromosomen im Zellkern. Der lange, spiralförmige DNA-Doppelstrang windet sich um kuglige Histone und wird dann wiederum verwickelt. Vor Zellteilungen entsteht durch weiteres Verdrillen das lichtmikroskopisch sichtbare Chromosom.

mologen Chromosomen meist nicht identisch, sondern variiert. Man bezeichnet diese Varianten des gleichen Gens als *Allele*. Die Chromatiden homologer Chromosomen nennt man daher Nicht-Schwesterchromatiden.

Die Gesamtheit aller Chromosomen in der Zelle ist der Chromosomensatz (Genom). Anzahl und Form der Chromosomen sind artspezifisch. So enthalten menschliche Körperzellen 46 Chromosomen.

In den Körperzellen der meisten Lebewesen liegen die Chromosomen paarweise vor, sie haben einen diploiden Chromosomensatz (2n). Die Keimzellen sind in der Regel haploid (n).

Die Geschlechtschromosomen werden als Gonosomen bezeichnet, die übrigen Chromosomen als *Autosomen*. Beim Menschen bestimmen die beiden 23. Chromosomen das Geschlecht. Bei der Frau sind sie gleich gestaltet (XX), beim Mann ungleich (XY).

Riesenchromosomen in Drüsenzellen von Fliegen und Mücken entstehen dadurch, dass sich Chromatiden der gepaarten homologen Chromosomen vervielfachen, ohne dass Kernteilungen stattfinden.

Die verschiedenen Arten der Eukaryoten besitzen ein artspezifisches Chromosomenbild. Dieser *Karyotyp* wird durch Anzahl, Form und Größe der Chromosomen charakterisiert. Ordnet man sie nach ihrer Länge, dem Sitz des Zentromers und ihren Bänderungsmustern, erhält man ein *Karyogramm*. Karyogramme bilden die Grundlage für Chromosomenanalysen.

Das Karyogramm des Menschen

Das Anfertigen von Karyogrammen gehört zu den cytogenetischen Standardmethoden im humangenetischen Labor. Vorwiegend werden dabei Chromosomenuntersuchungen an weißen Blutkörperchen (Leukozyten), an Haut- und Bindegewebszellen sowie an den aus Stammzellen des Knochenmarks gebildeten Lymphozyten durchgeführt. Nach dem Fixieren und Anfärben werden die Chromosomen einer Zelle nach einem internationalen Schlüssel geordnet.

Färbt man diese beispielsweise mit Giemsa-Lösung an, zeigen sich bis zu 400 charakteristische Querscheiben und Bänder mit heller und dunkler Färbung (G-Bandenfärbung). Auf den sog. G-Banden liegen Gene, die spezifische Eigenschaften codieren, während sich auf den nicht gefärbten Bereichen Gene befinden, die in fast allen Zellen aktiv sind und grundlegende Stoffwechselprozesse steuern. Dabei enthält jedes Chromosom Hunderte von Genen, die linear angeordnet sind.

Da verschiedene Farbstoffgruppen unterschiedliche Bandenmuster liefern, lassen sich auch kleine Veränderungen erfassen und als Mutationen nachweisen. Besonderheiten im Chromosomenbestand, der Größe der Chromosomen oder der Bandenstruktur haben häufig Erbkrankheiten zur Folge. Punktmutationen, die einzelne Gene betreffen, lassen sich anhand eines Karyogramms allerdings nicht identifizieren.

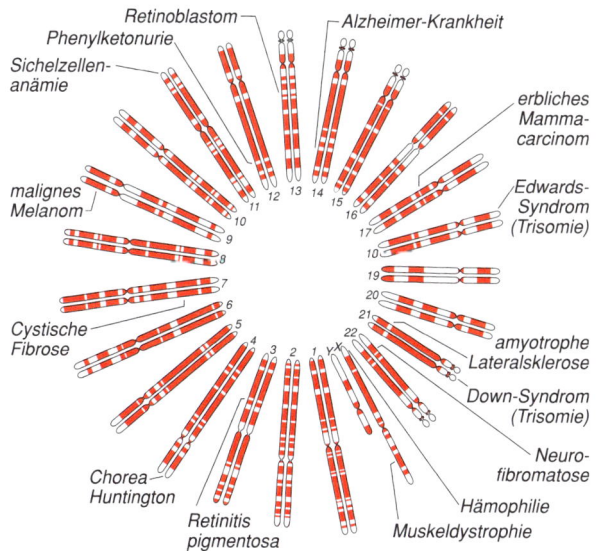

Genorte ausgewählter Krankheiten, lokalisiert auf den 23 menschlichen Chromosomenpaaren

3. Die Informationsträger

Als Träger der Erbinformation kommen nur solche Makromoleküle in Frage, die eine große Variabilität in ihrer Zusammensetzung aufweisen. Nachdem man zuerst der Meinung war, Proteine (Eiweißmoleküle) seien dafür besonders geeignet, konnte Oswald T. Avery 1944 beweisen, dass *Nukleinsäuren* die Träger der Erbanlagen sind. Bei der Realisation der Erbinformation kommt es zu einem Zusammenspiel von Genen und Proteinen auf molekularer Ebene. Die Nukleinsäure DNA (S. 22) enthält gewissermaßen die Bauanleitung für Proteine. Für die Ausprägung von Merkmalen oder den Verlauf der Stoffwechselprozesse sind schließlich die Proteine verantwortlich. Sie sind am Aufbau von Zellmembranen ebenso beteiligt wie als Gerüstsubstanzen in Haut, Knochen und Knorpel oder als Bausteine der Muskelzellen. Als Enzyme oder Biokatalysatoren beeinflussen sie den Zellstoffwechsel, übertragen als Hormone Information, übernehmen als Hämoglobin Transport- und als Antikörper Abwehraufgaben.

Proteine

Grundbausteine aller Proteine bei Lebewesen sind 20 verschiedene Aminosäuren. Je nachdem, in welcher Reihenfolge und in welcher Kettenlänge die 20 Aminosäuren zusammengesetzt werden, unterscheiden sich die Proteine. Damit sind Proteine eine Stoffgruppe mit nahezu unendlich vielen Variationsmöglichkeiten. Allerdings kann schon der Austausch einer einzigen Aminosäure in einer Aminosäurenkette die Funktion des Proteins so verändern, dass ein Lebewesen schwer erkrankt oder nicht lebensfähig ist.

Als *Primärstruktur eines Proteins* bezeichnet man die Reihenfolge der Aminosäuren. Auf der Abfolge der verschiedenen Aminosäuren beruht dann auch die Form, in der das Proteinmolekül in seiner *Sekundärstruktur* aufgerollt oder gefaltet ist. Dadurch erhält es eine bestimmte räumliche Gestalt, die *Tertiärstruktur*, die seine spezielle Funktion ermöglicht.

Die verschiedenen Lebewesen haben ganz individuelle körpereigene Proteine. Man kennt bisher mehr als 500 Humanproteine, aus dem menschlichen Genom lässt sich aber auf eine Gesamtzahl von über 50 000 schließen.

Enzyme – Beschleuniger und Regler des Stoffwechsels

Die Fähigkeit einer Zelle, Tausende verschiedener Stoffe aufzubauen, umzusetzen und zu verarbeiten, hängt von ihrer Ausstattung mit Enzymen ab. Sie sind gewissermaßen die Werkzeuge der Merkmalsausprägung eines Individuums. Enzyme, auch Biokatalysatoren genannt, sind hochmolekulare Proteine. Manche enthalten zudem einen Nicht-Proteinanteil, ein Coenzym. Als Proteine besitzen sie eine ganz bestimmte räumliche Struktur mit einer Bindungsstelle für ganz bestimmte Substrate. Diese Stelle, das aktive Zentrum des Enzyms, ist räumlich so gebaut, dass sich die zugehörigen Substrate exakt einfügen. Enzym und Substrat passen wie Schlüssel und Schloss zueinander. Neben der genauen Einpassung sind die elektrischen Ladungsverhältnisse und deren Anordnung von Bedeutung für die Wirkungsspezifität und die katalytische Eigenschaft der Enzyme. Während die einen die Spaltung des Substrats unterstützen, bewirken andere den Zusammenschluss von Molekülen.

Enzyme werden bei den katalytischen Vorgängen nicht verbraucht. Sie binden das Substrat kurzzeitig, gehen aus der Reaktion aber unverändert hervor, sodass ein Enzym zahlreiche Moleküle umsetzen kann. Häufig bilden mehrere Enzyme eine Reaktionskette, wobei ein Ausgangsstoff durch eine hintereinander gereihte Abfolge von chemischen Reaktionen in ein bestimmtes Endprodukt umgesetzt wird.

Bei der Benennung werden Enzyme durch die Endung ase gekennzeichnet.

Nukleinsäuren

Nukleinsäuren bestehen aus langen Ketten von Untereinheiten, den Nukleotiden. Diese wiederum bestehen aus den Komponenten Phosphatgruppe, C_5-Zucker-Ring sowie eine von vier Stickstoffbasen. Die genetische Information ist durch die unterschiedliche Basenreihenfolge der aufeinander folgender Nukleotide (Basensequenz) codiert.

Die DNA (Desoxyribonukleinsäure; das A steht für engl. acid) ist ein Doppelstrang-Molekül: Zwei gegenläufige antiparallele Polynukleotidketten sind umeinander geschlungen (Doppelhelixstruktur). In der DNA kommen der Zucker Desoxyribose und die vier Basen Adenin (A), Cytosin (C), Guanin (G) und Thymin (T) vor. Die komplementären Basen A und T sowie C und G bilden untereinander Wasserstoffbrücken aus und halten so die beiden Einzelstränge zusammen. Wie eine verdrillte Strickleiter ist die DNA zu einer Spirale aufgewickelt (Doppelhelix).

Die DNA des Bakteriums Escherichia coli besteht aus rund 4 000 000 Basenpaaren, die DNA aller Chromosomen im Zellkern einer menschlichen Zelle hintereinander gereiht ergäbe eine Länge von zwei Metern.

Neben der DNA ist die RNA (Ribonukleinsäure) die wichtigste, in jeder Zelle vorkommende Nukleinsäure. Sie ist einsträngig und kürzer als die DNA. Anstelle der Desoxyribose ist das Zuckermolekül Ribose eingebaut, statt der Base Thymin kommt die Base Uracil (U) vor, die sich mit Adenin paaren kann.

Averys Transformations-Experiment

Unter Transformation versteht man die Aufnahme und den Einbau isolierter DNA in Bakterienzellen. 1944 erbrachten die Transformations-Experimente von Oswlad T. Avery und seinen Kollegen den Beleg, dass die DNA der Träger der Erbinformation ist. Dazu isolierte Avery aus abgetöteten krankheitserregenden (virulenten) S-Pneumokokken DNA und übertrug sie in ein Nährmedium mit einem Stamm harmloser (avirulenter) R-Pneumokokken. Bald fanden sich in der Kultur auch virulente S-Pneumokokken. Da vom virulenten Stamm ausschließlich isolierte DNA übertragen wurde, musste die DNA der Träger der Erbinformation sein.

Heute werden mit der Methode der Transformation Gene eines Organismus in einen anderen überführt, damit dieser unter der Regie der fremden Gene gewünschte Stoffe produziert. So bildet beispielsweise das Bakterium Escherichia coli das Proteinhormon Insulin (S. 74/75).

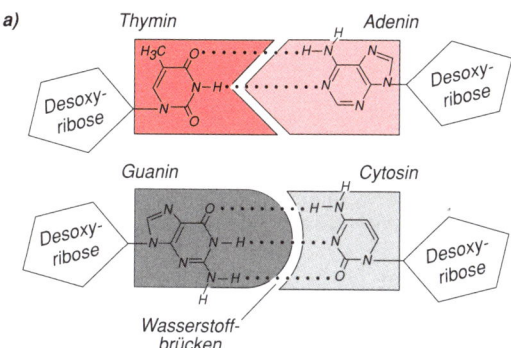

a)

Thymin — Adenin

Guanin — Cytosin

Wasserstoff-
brücken

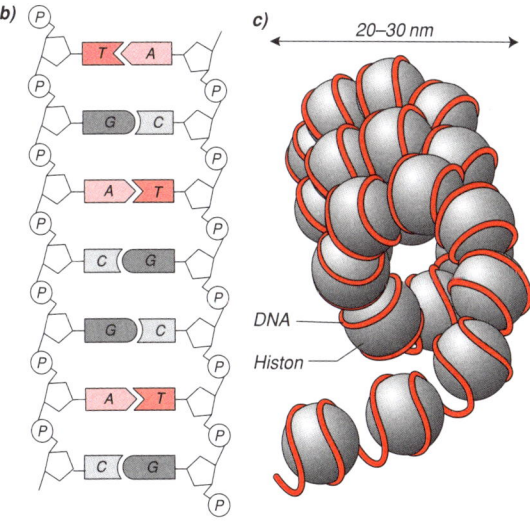

b)

c)

20–30 nm

DNA

Histon

Struktur der DNA
a Die komplementären Basenpaare der DNA
b Paarung komplementärer Basen mit Zucker-Phosphat-Rückgrat
c Die DNA um Histone zum Nucleosom gewunden

Identische Replikation

Der Bau der DNA-Doppelhelix stellt gewissermaßen eine Informationsverdopplung dar. Dies bietet mehrere Vorteile. Die Zusammenlagerung der Stränge schützt die einzelnen Basen vor äußeren Einflüssen und ermöglicht den Austausch einer „falschen" Base durch Reparaturenzyme. Darüber hinaus erlaubt die Basenkomplementarität eine identische Verdopplung (Replikation) des DNA-Stranges vor der Zellteilung.

Bei der Replikation der DNA werden die Wasserstoffbrücken der Basenpaare der Doppelhelix wie ein Reißverschluss in der Mitte getrennt und an jedem Einzelstrang wird durch Anlagerung einzelner Nukleotide ein komplementärer Strang neu synthetisiert. Dabei entstehen zwei identische DNA-Doppelketten, wobei jeweils eine von der alten DNA stammt und eine neu gebildet ist. Man spricht von semikonservativer Replikation.

Bei Eukaryoten wird so in der Interphase des Zellzyklus, also in der Phase zwischen zwei Kernteilungen, aus einem Ein-Chromatid-Chromosom ein Zwei-Chromatid-Chromosom. Der Lebenszyklus einer Zelle untergliedert sich demnach in die Phase der Verdoppelung des Erbmaterials und die Phase der Zellteilung (Mitose).

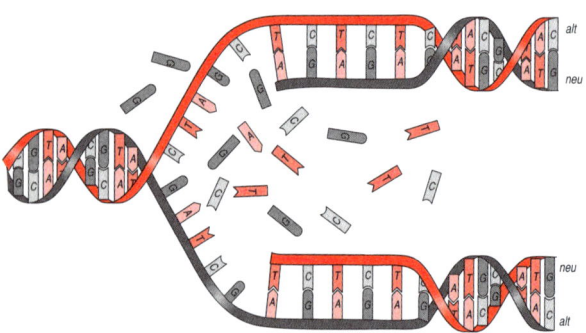

Semikonservative Verdopplung der DNA

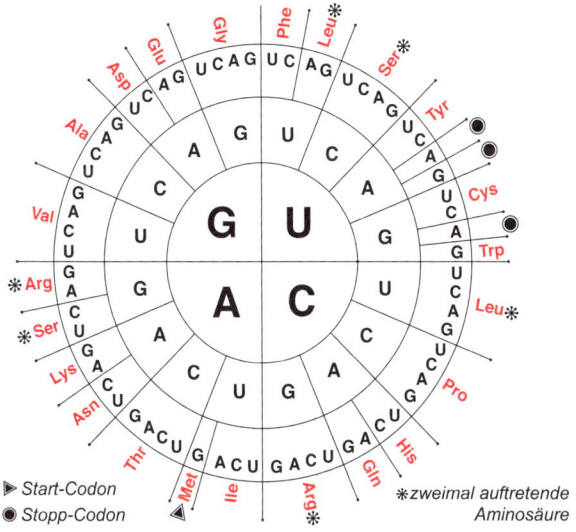

▶ Start-Codon
● Stopp-Codon
✳ zweimal auftretende Aminosäure

Code-Sonne – Schema des genetischen Codes. Dargestellt sind die mRNA-Codons, die die Vorlage zur Proteinbiosynthese bilden.

Der genetische Code

Die genetische Information ist in der linearen Abfolge der vier Basen (A, T, C, G) der DNA verschlüsselt. Dabei bilden je drei Basen eine Informationseinheit des genetischen Codes. Bei der Bildung von Proteinen ist jeweils ein Basentriplett (Codon) für den Einbau einer Aminosäure in das Polypeptid verantwortlich. Das Basentriplett GAG beispielsweise codiert den Einbau der Aminosäure Glutamin, GAU verschlüsselt Asparaginsäure. Die Aufeinanderfolge der Tripletts in der DNA stellt die Information für die Eiweißsynthese bereit. Daneben gibt es Tripletts für den Beginn und das Ende der Synthese eines Proteins, die Start- bzw. Stopp-Codons. Bei vier verschiedenen Basen ergeben sich $4^3 = 64$ verschiedene Kombinationsmöglichkeiten. Der genetische Code ist somit redundant, da es deutlich mehr Tripletts als die zu codierenden 20 verschiedenen Aminosäuren gibt. In der Code-Sonne lässt sich erkennen, dass die meisten Aminosäuren (wie Ala = Alanin etc.) durch mehrere Tripletts codiert sind.

Der genetische Code ist universell, d. h., ein bestimmtes Codon wird bei nahezu allen Lebewesen in die gleiche Aminosäure übersetzt. In der Gentechnik macht man sich diese Tatsache bei der Neukombination von Erbsubstanz unterschiedlicher Organismen zunutze. Im Übrigen ist die Allgemeingültigkeit des genetischen Codes ein eindeutiger Beleg für die gemeinsame Abstammung der Lebewesen.

Mutation – plötzliche Veränderung der Erbinformation

*Wird die Basensequenz durch Fehler bei der DNA-Replikation oder als Folge äußerer Einwirkungen wie radioaktive Strahlung oder durch Schwermetalle verändert, kann es zu einer **Genmutation** kommen. Betrifft eine solche Genänderung beispielsweise die Funktionsfähigkeit eines Enzyms, kann der Stoffwechsel erheblich gestört werden und eine Erbkrankheit auftreten.*

Gene können also in verschiedenen Varianten (Allele) auftreten. So kann beispielsweise ein Gen, dass die Fellfarbe steuert, in einer mutierten Form eine abweichende Farbe erzeugen.

***Chromosomenmutationen** verändern die Struktur des Chromosoms durch Verlust (Deletion), Verdopplung (Duplikation), den umgekehrten Einbau eines Chromosomenstücks oder durch Anheftung von Chromosomenstücken an nichthomologe Chromosomen (Translokation). So beruht das sog. Katzenschrei-Syndrom beim Menschen, bei dem geistige und körperliche Entwicklungsstörungen vorliegen, auf der Deletion eines Stücks von Chromsom 5.*

*Bei einer **Genommutation** schließlich wird die Anzahl der Chromosomen verändert. Die Ursache einer Genommutation ist in der Regel eine fehlende Trennung homologer Chromosomen während der Reifeteilung (Meiose). Beim Down-Syndrom, bei dem es zu körperlicher und geistiger Behinderung kommt, liegt das Chromosom 21 dreifach vor. Frauen mit Turner-Syndrom (Kleinwüchsigkeit, Unfruchtbarkeit) haben nur ein X-Chromosom, Männer mit Kline-*

felter-Syndrom (überdurchschnittliche Körpergröße, fehlende Spermabildung) besitzen den Chromosomensatz 47 mit zwei X Chromosomen (XXY-Typ).
In der Pflanzenzüchtung dagegen führt die Vervielfachung des Chromosomensatzes (Polyploidie) häufig zu einer Ertragssteigerung.

Selbstreparation der DNA

Während der DNA-Replikation korrigieren Reparaturenzyme falsch eingebaute Basen und ersetzen sie durch die richtigen. Solche Endonukleasen schneiden den DNA-Strang vor und hinter der Fehlerstelle auf, entfernen den falschen Abschnitt und synthetisieren einen neuen. Anschließend verbindet das Enzym DNA-Ligase den unterbrochenen Strang. Dank dieser Fehlpaarungsreparatur treten bei fertigen DNA-Molekülen Fehler nur mit einer Häufigkeit von 1 : 1 Milliarde auf, gegenüber einer ursprünglichen 100 000-mal größeren Fehlerrate von 1 : 10 000.

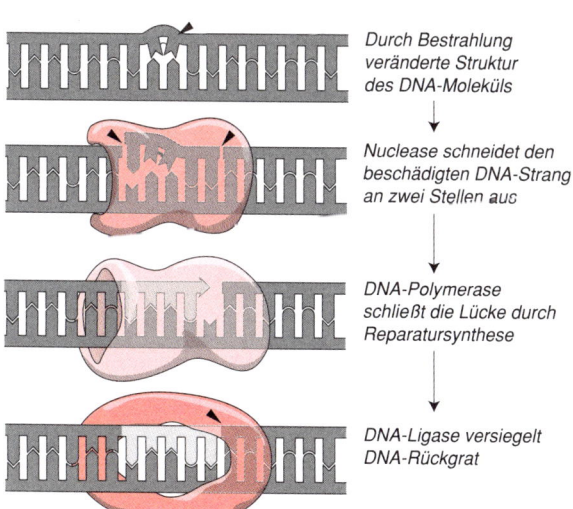

Durch Bestrahlung veränderte Struktur des DNA-Moleküls

Nuclease schneidet den beschädigten DNA-Strang an zwei Stellen aus

DNA-Polymerase schließt die Lücke durch Reparatursynthese

DNA-Ligase versiegelt DNA-Rückgrat

Korrektur fehlerhafter DNA-Segmente durch Reparaturenzyme

Viren

Viren sind keine Zellen, sondern Partikel, die stets aus Nukleinsäuren (DNA oder RNA) und einer Proteinhülle bestehen. Gelegentlich tritt zudem eine zusätzliche Lipidmembran auf. Zur Fortpflanzung sind sie völlig auf den Stoffwechsel von Wirtszellen angewiesen, wobei sie in der Regel sehr wirtsspezifisch sind. So sind Pflanzenviren beispielsweise nie human- oder tierpathogen. Viele Viren sind gefährliche Krankheitserreger bei Mensch, Tier oder Pflanze. Viren, die zur Fortpflanzung ihre DNA oder RNA in Bakterien einschleusen, bezeichnet man als Bakteriophagen (kurz: Phagen). Die befallene Zelle repliziert das genetische Material des Virus, bildet die Bausteine der Proteinhülle und setzt die Virusteile zusammen. Die fertigen neuen Viren verlassen die Wirtszelle durch Knospung oder durch Auflösung der Zelle (Cytolyse). Manche Viren sind in das Genom ihrer Wirtszellen eingebaut, ohne dort offenbar einen Schaden hervorzurufen. Dank ihrer Schutzhülle können Viren auch außerhalb ihrer Wirtszellen eine gewisse Zeit überdauern.

Im Körper des Menschen sind Viren beispielsweise für Pocken, Masern oder Grippe verantwortlich. Ihre Größe liegt mit 10 bis 30 nm deutlich unter der von Bakterien.

Schwanzfiber zum Festhaften an der Bakterienwand

Kopf

doppelsträngige lineare T4-DNA

Kragen

kontraktiler Schwanzschaft

Basalplatte mit Stiften

Bau des Bakteriophagen T 4, der seine Erbsubstanz in Bakterien als Wirtszellen einschleust

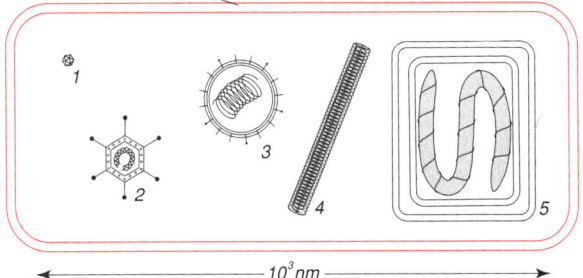

Escherichia-coli-Zelle

$\longleftarrow 10^3 nm \longrightarrow$

Größenvergleich von Viren mit dem Bakterium Escherichia coli:
1 = Polio-Virus, 2 = Adeno-Virus, 3 = Influenza-Virus, 4 = Tabakmosaik-Virus, 5 = Pocken-Virus

Viroide und Prionen

Viroide besitzen im Gegensatz zu den Viren keine Proteine und keine spezielle Membran, sondern bestehen ausschließlich aus einem kleinen ringförmigen RNA-Molekül. Sie sind bisher nur in Pflanzenzellen nachgewiesen, wo sie zum Teil schwere Erkrankungen auslösen.

Prionen sind ansteckende Proteinmoleküle. So ist für verschiedene Erkrankungen des Gehirns bei Schafen (Scrapie) und Rindern (BSE = bovine spongioforme Encephalitis) ausschließlich aufgenommenes infektiöses Protein verantwortlich. Bei diesen Prionerkrankungen verändern bestimmte Proteine der Nervenzellen ihre Tertiärstruktur, sodass sie durch Proteasen nicht mehr abgebaut werden können. Prionen entstehen aus einem normalen zellulären Membranbaustein, dem sog. PrP-Protein. Das zunächst harmlose zelluläre PrP-Protein kann eine besondere räumliche Gestalt annehmen und verwandelt sich dann in das krank machende Prioneneiweiß. In neu befallenen Zellen veranlassen diese Moleküle nun ebenfalls die Veränderung neu synthetisierter Proteine des gleichen Typs und reichern sich so lawinenartig an.

Beim Menschen führt man eine neue Form der Creutzfeldt-Jakob-Krankheit sowie die Alzheimer- und Parkinson-Krankheit auf solche neurodegenerativen Proteine zurück.

4. Die Realisierung der genetischen Information

Ein Gen ist ein Abschnitt auf der DNA, der die Information für den Aufbau eines Proteins und damit für die Ausbildung eines bestimmten Merkmals enthält. Nach der Ein-Gen-Ein-Polypeptid-Hypothese ist jeweils ein Gen für die Bildung eines Polypeptids verantwortlich. Als funktionelles Protein ist es zusammen mit anderen beispielsweise als Enzym zuständig für Stoffwechselwege zur Ausbildung bestimmter morphologischer oder physiologischer Merkmale (Phänotyp).

Die Umsetzung der genetischen Information in ein funktionelles Protein erfolgt in zwei Schritten. Zunächst stellt die Zelle eine RNA-Kopie des Gens her (Transkription), welche dann in einem zweiten Schritt in eine entsprechende Aminosäuresequenz und damit letztlich in ein Protein übersetzt wird (Translation).

Transkription und Translation

Während der *Transkription* wird ein DNA-Abschnitt in die Basensequenz einer komplementären Boten-RNA (Messenger-RNA, mRNA) umgeschrieben. Dazu wird der entsprechende DNA-Abschnitt entwunden und in seine Einzelstränge aufgetrennt. Komplementäre Nukleotide lagern sich an und werden mit Hilfe des Enzyms RNA-Polymerase zu einem RNA-Einzelstrang verbunden. Die Transkription beginnt an der Promotorregion. Nur einer der beiden DNA-Einzelstränge wird als codogener Strang abgelesen. Stößt die RNA-Polymerase im Verlauf der Transkription auf eine Stopp-Sequenz, beendet sie die Transkription. Die mRNA wird anschließend durch die Poren der Kernmembran zu den Ribosomen transportiert.

Die *Translation* findet an den im Zellplasma oder am Endoplasmatischen Retikulum vorliegenden Ribosomen statt. Hier wird die Basensequenz der mRNA in die Amonosäurensequenz der Proteine „übersetzt". Kürzere RNA-Moleküle (Transfer-RNA, tRNA) transportieren im Zellplasma

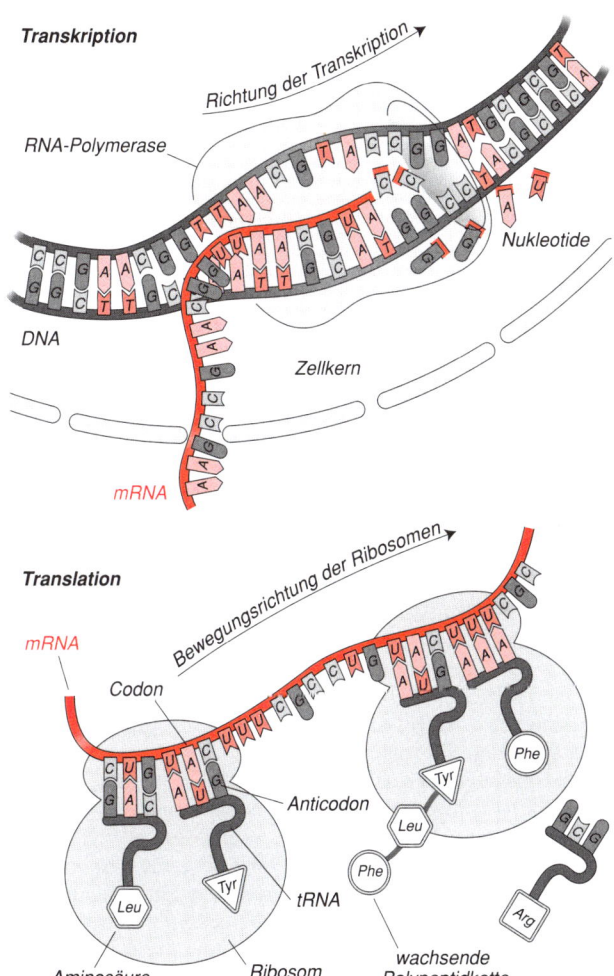

Transkription

Richtung der Transkription

RNA-Polymerase

Nukleotide

DNA

Zellkern

mRNA

Translation

Bewegungsrichtung der Ribosomen

mRNA

Codon

Anticodon

tRNA

Aminosäure

Ribosom

wachsende Polypeptidkette

Phe

Tyr

Leu

Proteinbiosynthese: Die Transkription findet bei Eukaryoten im Zellkern statt, die Translation an den Ribosomen.

vorhandene Aminosäuren zu den Ribosomen. Jede tRNA besitzt eine Bindungsstelle für eine ganz bestimmte Aminosäure und ein spezifisches Anticodon. Mit diesem Anticodon heftet es sich am komplementären Codon der mRNA an. Mit Hilfe ribosomaler Proteine werden die verschiedenen Aminosäuren zum Polypeptid verknüpft. Den Beginn der Translation steuert das Start-Codon der mRNA, das Stopp-Codon beendet die Proteinsynthese. Meist lagern sich mehrere Ribosomen an eine mRNA an und bilden so ein Polyribosom (kurz: Polysom). Die endgültige räumliche Struktur nimmt das Protein erst nach Ablösung vom Ribosom ein.

Vom Gen zum Merkmal

Die Verwirklichung der genetischen Information durch die Biosynthese bestimmter Proteine zur Ausprägung entsprechender Merkmale, also die Umsetzung eines Gens in sein entsprechendes Produkt, bezeichnet man als *Genexpression*. Die Zusammenhänge zwischen der molekularen Ebene der Gene und den äußerlich sichtbaren Merkmalen eines Individuums sind deshalb schwer zu durchschauen, weil die meisten Stoffwechselwege nicht von einem einzigen Enzym gesteuert werden, sondern durch Verzweigungen der Stoffwechselprozesse oft viele Enzyme am Zustandekommen eines Merkmals beteiligt sind. Eine solche durch die Wirkung zahlreicher Gene ausgelöste Kette von hintereinander geschalteten Stoffwechselreaktionen bezeichnet man als *Genwirkkette*.

Ein Beispiel einer solchen Genwirkkette ist der Phenylalanin-Stoffwechsel beim Menschen. Mutiert das Gen, welches das Enzym zur Umwandlung der Aminosäure Phenylalanin zu Tyrosin codiert (Enzym 1 in der Abb.), wie dies bei der erblich bedingten Stoffwechselerkrankung Phenylketonurie der Fall ist, kommt es zu einer überhöhten Anreicherung von Phenylalanin im Blutserum. Dies kann durch Diät behandelt werden. Sind andere Enzyme der Wirkkette durch Mutation funktionsunfähig (Enzym 2, 3 oder 5 in der Abb.), können weitere Krankheiten auftreten.

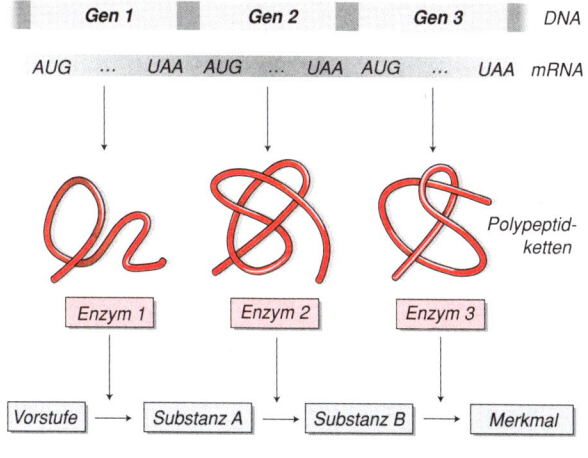

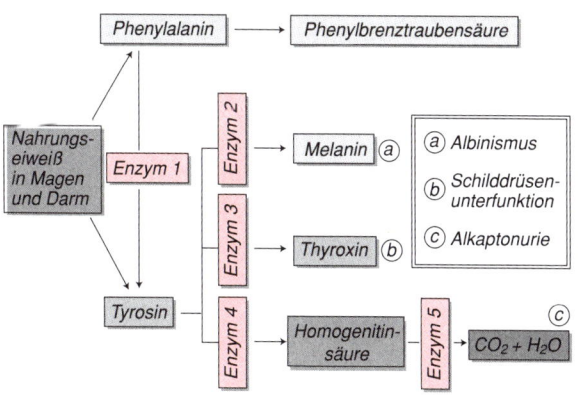

Genwirkkette – allgemein (oben) und am Beispiel des Phenylalanin-Stoffwechsels (unten)

Regulation der Genaktivität

In jeder Zelle besitzt die DNA das gesamte Genom zur Bildung sämtlicher Proteine. Dies zeigt sich bei der Stecklingsvermehrung oder anderen Arten der vegetativen (ungeschlechtlichen) Vermehrung ebenso wie bei der Fähigkeit zur Regeneration verlorener Teile des Organismus.

Während der Entwicklung eines Organismus spezialisieren sich Zellen zu unterschiedlichen Funktionen. Dabei werden bestimmte Gene bzw. Gengruppen aktiv, alle anderen bleiben inaktiv (differenzielle Genaktivierung).

Bei Pflanzen weiß man, dass Sonnenlicht die Bildung des Stoffes Phytochrom induziert, der in seiner aktiven Form die Genaktivität und damit das Entwicklungsprogramm der Pflanze beeinflusst.

Selbstverständlich muss jede einmal gebildete mRNA nach einer gewissen Zeit wieder abgebaut werden, andernfalls würde sie ununterbrochen ein bestimmtes Protein produzieren, das möglicherweise nur kurzfristig benötigt wird.

II Herkömmliche Verfahren der angewandten Gentechnik

1. Konventionelle Züchtung und gentechnische Verfahren im Vergleich

Mit dem Sesshaftwerden des Menschen begann etwa 10 000 bis 8000 v. u. Z. in Vorderasien und im Niltal die konventionelle Pflanzen- und Tierzucht. Darunter versteht man Maßnahmen, die dazu dienen, Kulturpflanzen und Nutztiere zu erhalten, deren Eigenschaften den Ansprüchen der Menschen besser entsprechen, und diese Eigenschaften weiterzuvererben oder gar zu verbessern.

Zunächst wurden Pflanzen bzw. Tiere mit günstigen Merkmalen ausgelesen und gezielt gekreuzt bzw. gepaart, um diese Eigenschaften in den Nachkommen zu kombinieren. Nachkommen ohne die gefragten Eigenschaften wurden ausselektiert, die anderen erneut gekreuzt. So entstanden aus Wildformen die heute bekannten Kulturformen. Die älteste Kulturform einer Pflanze ist eine ursprüngliche Gerstenart, deren Alter sogar auf 17 000 Jahre geschätzt wird. Unter den Tieren ist der Hund das älteste Haustier (seit rund 11 000 Jahren), als Nutztiere folgten Schaf und Ziege. Die Beeinflussung des Erbguts von Nutzpflanzen und -tieren begann also schon lange bevor der Mensch ein Wissen über Genetik besaß.

Das Erbgut aller Lebewesen unterliegt ständigen Veränderungen durch Mutationen. Hierdurch entsteht eine genetische Variabilität, die sich die Züchter zunutze machen – anfangs allerdings, ohne dies zu wissen. Seit den 1930er-Jahren gelang es, Mutationen experimentell gezielt zu beschleunigen. Mit Röntgen- oder Neutronenstrahlung und bestimmten Chemikalien erhöhte man die Rate unbestimmter Mutationen und schaltete die natürlichen Reparaturmechanismen des genetischen Apparates aus. Erreicht wurde aber lediglich eine neue, unkalkulierbare Merkmalsausprägung oder der Verlust bestimmter Eigenschaften.

Mit Hilfe der Gentechnik hingegen ist eine zielgerichtete, zuvor definierte Erbgutänderung möglich. Gewünschte Gene werden durch Vektoren (S. 52) in das Erbgut einer ausgewählten Art eingeschleust, wobei der Gentransfer nicht an Artgrenzen gebunden ist. Bei konventionellen Züchtungsmethoden hingegen wird das Erbgut vergleichsweise ungerichtet innerhalb der Artgrenzen verändert.

2. Klassische Züchtungsmethoden

Mit zunehmenden Kenntnissen über die Vererbungsvorgänge wurden seit Mitte des 19. Jahrhunderts verschiedene Zuchtformen gezielt eingesetzt:

Bei der herkömmlichen *Auslesezüchtung* sucht man unter heterogenen Individuen nach solchen mit den gewünschten Merkmalen und bringt diese zur Fortpflanzung.

Bei der *Kombinationszüchtung* werden gewünschte Merkmale im Sinne der Mendel'schen Regeln gezielt kombiniert. Häufig erzielt man die erwünschte reinerbige (homozygote) Merkmalskombination durch Inzucht über mehrere Generationen. Beim Panzarweizen hat man so Winterhärte mit Ertragssteigerung kombiniert, bei der Süßlupine die Eigenschaft fester Hülsen mit dem Fehlen von Bitterstoffen.

Grundlage der *Hybrid- oder Heterosiszüchtung* ist die Erscheinung, dass bei der Kreuzung zweier nahezu homozygoter Inzuchtlinien die erste nun heterozygote Nachkommengeneration (F_1-Hybriden) eine auffallende Mehrleistung erbringt (Heterosiseffekt). Heterosis führt beispielsweise beim Mais zu höheren Erträgen, bei Hühnern zur Steigerung der Legeleistung. Ziel der Heterosiszüchtung ist in vielen Fällen auch die Steigerung der Resistenz gegenüber

Schädlingen, Herbiziden oder widrigen Umweltfaktoren wie Hitze, Kälte oder Trockenheit.

Bei der *Mutationszüchtung* verwendet man vor allem Samen und löst bei ihnen Mutationen experimentell durch ionisierende Strahlen, Kälte- und Wärmeschocks oder durch chemische Mutagene aus. Unter den zahlreichen Mutanten gibt es immer wieder solche, die gewünschte Merkmalsänderungen zeigen und die deshalb weitergezüchtet werden. Man erzielte so kurzhalmige windfeste Gerstensorten oder früh reifenden Reis.

Besondere Bedeutung kommt in der Mutationszüchtung der Erzeugung polyploider Pflanzen zu. Durch Behandlung mit Colchicin kann der Spindelapparat bei der Kernteilung ausgeschaltet werden, was die Aufteilung der Chromosomen verhindert und zu einer Veränderung des Chromosomensatzes führt. So züchtete man beispielsweise durch eine Erhöhung des Chromosomensatzes (*Polyploidisierung*) bei Mais Mutanten mit hohem Anteil an essenziellen Aminosäuren oder triploide Zitrusfrüchte ohne Kerne.

3. Neuere reproduktionstechnische Züchtungsmethoden

Im Gegensatz zu den klassischen Zuchtmethoden genügen den neueren, reproduktionstechnischen Zuchtverfahren Gewebe oder einzelne Zellen, um neue Zuchtformen zu gewinnen.

Klonen bei Pflanzen und Tieren

In der Tier- und Pflanzenzucht bezeichnet man Individuen, die aus einer einzigen Zelle durch asexuelle (ungeschlechtliche) Vermehrung hervorgegangen und damit genetisch vollkommen identisch sind, als Klone. Etwaige Unterschiede von Merkmalen der Klone (Phänotyp) beruhen auf Umwelteinflüssen (Modifikation) oder sind im Verlauf der Individualentwicklung durch somatische (nicht vererbbare) Mutationen entstanden.

Natürliche Klonbildung liegt bei ungeschlechtlicher (vegetativer) Vermehrung wie der Stecklingsvermehrung vor. Ein Brennnesselbestand am Wegrand bildet in der Regel einen Klon, besteht also aus genetisch identischen Pflanzen, da diese aus einem gemeinsamen Wurzelstock sprießen. Eineiige Zwillinge stammen von einem einzigen Keim, der sich in der frühen Embryonalentwicklung geteilt hat. Obwohl genetisch identisch, sind sie selbstverständlich eigene Persönlichkeiten.

Biotechnisches Klonen durch Zell- und Zellkerntransfer verfolgt unterschiedliche Ziele: Es dient der medizinischen Grundlagenforschung zur Entwicklung präventiver und therapeutischer Heilmethoden, es wird für das Heranziehen von Versuchstieren im Rahmen der biomedizinischen Forschung eingesetzt, zur Nutztier- und Pflanzenzucht sowie zur Nachzucht gefährdeter Arten. Hierbei werden immer *totipotente Zellen* genutzt oder hergestellt, also Zellen mit der Fähigkeit, alle Gewebe und Organe des Organismus aufzubauen.

Protoplastenfusion in der Pflanzenzüchtung

Im Gegensatz zu tierischen Zellen sind bei den Pflanzen die meisten Zellen totipotent. Daher lassen sich bei ihnen aus Gewebeteilen ganze Pflanzen regenerieren. Bei der Protoplastenfusion trennt man die Zellen des Pflanzengewebes zunächst mit dem Enzym Pektinase und gibt dann das Enzym Cellulase hinzu, das die Zellwände abbaut. Durch Zugabe bestimmter Pflanzenhormone können aus diesen Protoplasten genetisch identische Nachkommen (Klone) erzeugt werden, unter geeigneten Bedingungen lassen sich aber auch die Protoplasten verschiedener Pflanzenarten verschmelzen. Dabei kommt es auch zur Verschmelzung der Genome. Aus den entstandenen Zellhybriden entsteht zunächst eine Zellwucherung (Kallus), die schließlich zu einer ganzen Pflanze heranwächst. Gegenwärtig wird die Protoplastenfusion nur bei wenigen Kulturpflanzen wie beispielsweise dem Kohl angewandt. Die oft angeführte „Tomoffel", eine Chimäre aus Kartoffel und Tomate, zeigt die Grenzen

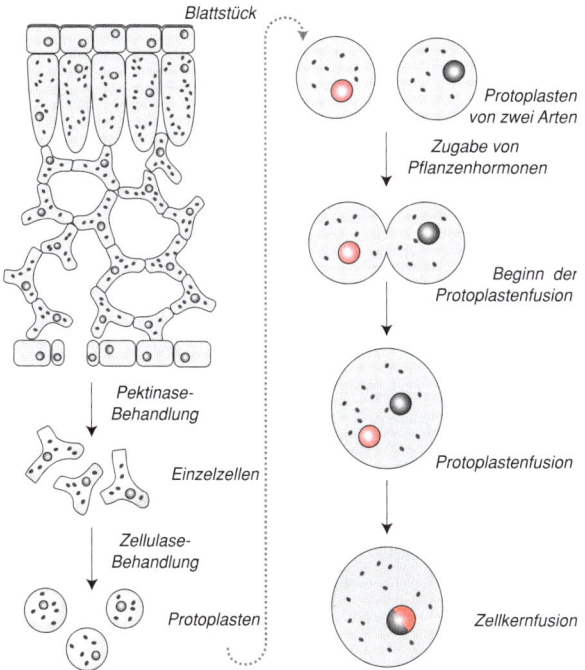

Blattstück

Protoplasten von zwei Arten

Zugabe von Pflanzenhormonen

Beginn der Protoplastenfusion

Pektinase-Behandlung

Einzelzellen

Zellulase-Behandlung

Protoplasten

Protoplastenfusion

Zellkernfusion

Protoplastenfusion: Herstellen zellwandloser Protoplasten (links) und Fusion der Protoplasten verschiedener Pflanzenarten (rechts)

der Methode. Sie eignet sich zur kommerziellen Anwendung nämlich nicht, da die von der Pflanze gebildeten Stoffwechselprodukte nicht ausreichen, um ertragreiche Kartoffelknollen und Tomatenfrüchte zu bilden.

Klonen in der Tierzucht

Klonierverfahren werden in der Tierzucht beispielsweise bei der Züchtung von Hochleistungsrindern eingesetzt. Dazu werden Zuchtkühe hormonell behandelt, sodass in ihren Eierstöcken mehrere Eizellen gleichzeitig heranreifen. Nach

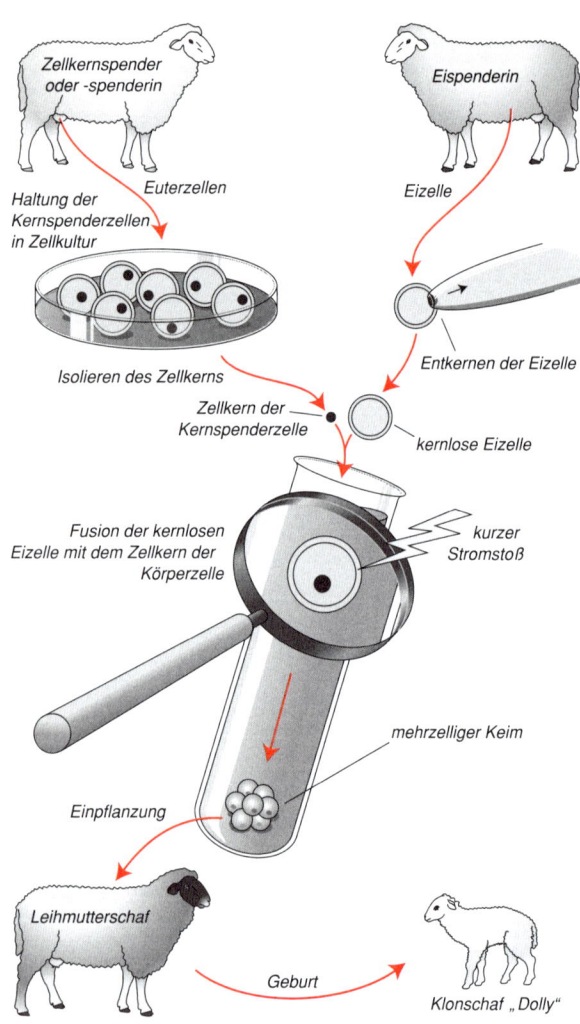

Klonen eines Schafes durch Zellkerntransplantation

künstlicher Besamung spült der Tierarzt vier Tage später die Embryonen aus der Gebärmutter. Da die Zellen von Säugetieren schon in einem frühen Keimstadium ihre Totipotenz verlieren, werden diese Embryonen im 8- bis 16-Zellen-Stadium durch sog. *Embryosplitting* geteilt und dann verschiedenen Ammenkühen eingepflanzt (Embryonentransfer). Hier wachsen sie zu einem Klon genetisch identischer Mehrlinge heran. Die Ammenkühe werden zuvor durch Hormongaben in einen scheinträchtigen Zustand versetzt.

1997 gelang es erstmals, ein Säugetier aus einer differenzierten Körperzelle und einer entkernten Eizelle zweier Muttertiere zu klonen. Eine biotechnisch entkernte Eizelle eines Eispenderschafes wurde mit dem Zellkern einer ausdifferenzierten Körperzelle aus dem Euter eines anderen Spenderschafes fusioniert (Zellkerntransplantation). Anschließend wurde der Kern der Körperzelle durch einen elektischen Impuls zur Teilung angeregt, sodass die Zelle zu einem mehrzelligen Embryo heranwuchs, der einem Leihmutterschaf eingepflanzt wurde. Das Besondere am so entstandenen Klonschaf „Dolly" ist darin zu sehen, dass der diploide Zellkern der Zygote aus einer ausdiffernzierten Körperzelle stammte.

Ähnlich wurden inzwischen Rinder und Mäuse über mehrere Generationen hinweg geklont. Da die Mitochondrien im Zellplasma der Eizelle eigene DNA enthalten, sind solche Eltern-Kind-Klone streng genommen keine Zell-, sondern Kernklone. Mit dieser Zuchtmethode könnte es in Zukunft möglich werden, die Merkmalskombination eines bestimmten Tieres beliebig oft zu vervielfältigen.

4. Fortpflanzungstechniken der Reproduktionsbiologie

Die Reproduktionsbiologie versucht mit verschiedenen Methoden den Erfolg der Fortpflanzung zu gewährleisten, ohne dabei – wie die Gentechnik – artfremde genetische Information zu übertragen.

In-vitro-Fertilisation bei Tier und Mensch

Mit verschiedenen biotechnischen Methoden lassen sich bei Säugetieren nach hormoneller Behandlung befruchtungsfähige Eizellen aus dem Genitaltrakt des Eispendertieres entnehmen. Außerhalb des Körpers können diese im Reagenzglas (in vitro) von Spermien befruchtet werden. Dieses Verfahren bezeichnet man als In-vitro- Fertilisation. Die sich *in vitro* entwickelnden Embryonen können cytogenetisch untersucht werden, bevor man sie in „Ammentiere" transplantiert.

Auch beim Menschen wird dieses Verfahren der künstlichen Befruchtung außerhalb des Körpers angewandt. Seit der Geburt des ersten „Retortenbabys" im Jahr 1978 wurden mehrere zehntausend Kinder durch In-vitro-Fertilisation gezeugt. Ein neueres Verfahren ist die *Intracytoplasmatische Spermieninjektion*, bei der das Spermium direkt in die Eizelle injiziert wird.

Präimplantationsdiagnostik beim Menschen

Bei der Präimplantationsdiagnostik (PID) werden Retortenembryonen vor dem Transfer in die Gebärmutter auf Erbkrankheiten untersucht. Dazu entnimmt man den Embryonen einzelne Zellen, untersucht sie genetisch und implantiert nur diejenigen Embryonen, bei denen kein Erbschaden nachzuweisen ist. Bei diesem Verfahren kommt es zu keinem gentechnischen Eingriff in die Keimbahn (S. 105).

In Deutschland ist die Präimplantationsdiagnostik aufgrund des seit 1991 geltenden Embryonenschutzgesetzes verboten.

Therapeutisches „Klonen" embryonaler Stammzellen

Klone sind erbgleiche Nachkommen eines Individuums oder einer Zelle. In einem sehr frühen Embryonalstadium können sich menschliche Stammzellen unbegrenzt teilen und zu jedem der rund 210 verschiedenen Zelltypen des menschlichen Körpers und unter bestimmten Voraussetzun-

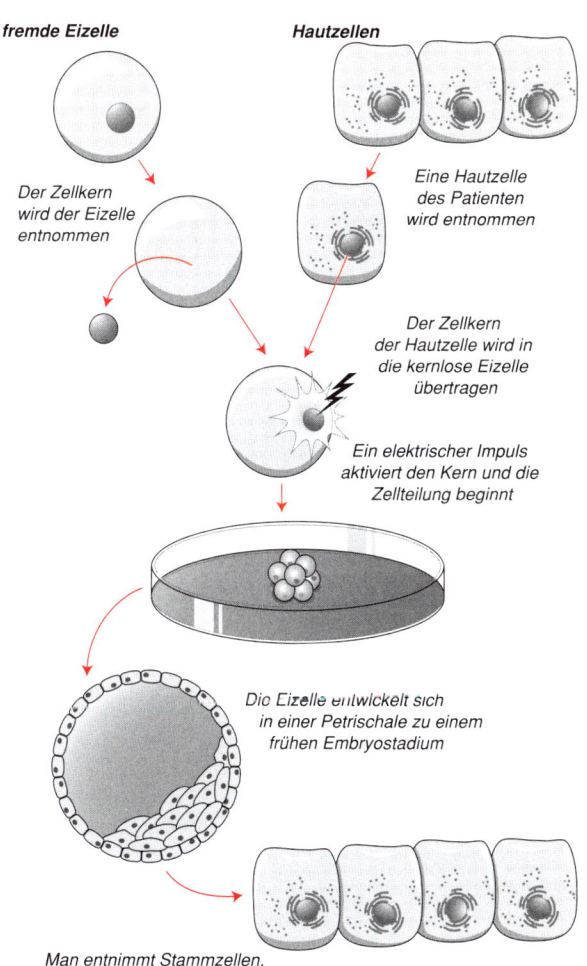

fremde Eizelle

Hautzellen

Der Zellkern
wird der Eizelle
entnommen

Eine Hautzelle
des Patienten
wird entnommen

Der Zellkern
der Hautzelle wird in
die kernlose Eizelle
übertragen

Ein elektrischer Impuls
aktiviert den Kern und die
Zellteilung beginnt

Die Eizelle entwickelt sich
in einer Petrischale zu einem
frühen Embryostadium

Man entnimmt Stammzellen,
aus denen sich das neue Hautgewebe
für den Patienten entwickelt

Gewebeersatz durch therapeutisches „Klonen"

gen auch zu einem Individuum entwickeln. Man spricht von totipotenten Zellen.

Spätestens im 8-Zellen-Stadium des Embryos tritt eine Zelldifferenzierung ein, aus den totipotenten Stammzellen werden nun pluripotente Zellen mit begrenzten Entwicklungsmöglichkeiten. Im Gegensatz zu totipotenten Zellen können sie nur einzelne Gewebe bilden.

Durch biotechnisches Verschmelzen von embryonalen Stammzellen und Gewebezellen lassen sich „Ersatzgewebe" erzeugen. Eine Reimplantation solcher Gewebe könnte in Zukunft Krankheiten heilen, die bislang nur gelindert werden können, wie beispielsweise Alzheimer oder Diabetes.

Nach dem deutschen Embryonenschutzgesetz ist es verboten, Fortpflanzungstechnik und Gentechnik zur Erzeugung genetisch identischer menschlicher Nachkommen einzusetzen. Dasselbe Gesetz verbietet es, menschliche Stammzellen im Zusammenhang mit künstlicher Befruchtung zu gewinnen. Nach gegenwärtiger Rechtslage ist nur der Umgang mit pluripotenten embryonalen Stammzellen erlaubt.

III Natürlicher Gentransfer

1. Sexuelle Fortpflanzung

Das Erbgut einer Population wird durch sexuelle Fortpflanzung ständig neu kombiniert. Die Neukombination der Chromosomen bei der Keimzellbildung (Meiose) und bei der Vereinigung von zwei haploiden Keimzellen (Befruchtung) sorgen für Genübertragung und Genaustausch von Generation zu Generation.

Während der Keimzellbildung wird der doppelte (diploide) Chromosomensatz zum einfachen (haploiden) Satz reduziert. Der evolutionäre Vorteil der mit der Meiose verbundenen sexuellen Fortpflanzung liegt in der Neukombination der Chromosomen und der damit verbundenen genetischen Variabilität. Die von den Eltern stammenden homologen Chromosomenpaare werden bei der Meiose zufallsmäßig auf die haploiden Keimzellen verteilt und bei der Verschmelzung der Keimzellen in der befruchteten Eizelle (Zygote) neu kombiniert.

2. Mitose und Meiose im Vergleich

Bei Eukaryoten werden Zellen durch Teilung vermehrt. Einer Zellteilung geht immer die Kernteilung voraus.

In der Interphase eines Mitose-Zellzyklus, also der Phase zwischen zwei Teilungen, werden die Chromatiden identisch verdoppelt und in der anschließenden Kernteilungsphase gleichmäßig auf zwei Tochterzellen verteilt. Infolge exakter Chromatidenverteilung enthalten die Tochterzellen die gleiche genetische Information, sie sind also erbgleich.

Die Meiose hingegen liefert Keimzellen mit reduziertem haploidem Chromosomensatz. Die entscheidenden Unterschiede zur Mitose sind:

- Die Meiose erfolgt in zwei Teilungsschritten, der 1. und 2 Reifeteilung.
- Bei der 1. Reifeteilung (Reduktionsteilung) werden nicht die Chromatiden auf die Tochterzellen verteilt, sondern jeweils die homologen Chromosomen. Der diploide Chromosomensatz (2n) wird dadurch auf die Hälfte reduziert, also haploid (n).
- Bei der anschließenden 2. Reifeteilung werden die Schwesterchromatiden (S. 16) getrennt. Dies entspricht einer mitotischen Teilung.
  Aus den beiden Teilungsschritten gehen vier haploide Keimzellen hervor.

Die genetischen Konsequenzen sind bedeutsam: Während durch die Mitose identische Zellen entstehen, bilden sich bei der Meiose Keimzellen, die sich genetisch sowohl von den Elternzellen unterscheiden als auch untereinander.
Bei der Meiose erfolgt die Verteilung der vom Vater und von der Mutter geerbten Chromosomen während der 1. Reifeteilung nach dem Zufallsprinzip. Dadurch wird das Erbgut in den Keimzellen neu kombiniert. Man spricht von Rekombination. Während der 1. Reifeteilung besteht weitere Möglichkeit zur Neukombination des Erbguts: Nach dem Bruch von Chromatidstücken bei zwei homologen Chromosomen von Nicht-Schwesterchromatiden kann es zum Stückaustausch (Crossing-over) zwischen mütterlichem und väterlichem Chromosom kommen.

3. Parasexualität

Kommt es zu Genaustausch und Rekombination genetischer Information ohne die für sexuelle Fortpflanzung typischen Vorgänge der Meiose und der Verschmelzung von Keimzellen, spricht man von Parasexualität. Bei parasexuellen Vorgängen wird lediglich ein Teil des Genoms übertragen und ausgetauscht. Parasexualvorgänge gibt es vorwiegend bei Bakterien und Viren (Transformation, Konjugation und Transduktion, s. u.) und ebenso bei Pilzen. Genetisch unterschiedliche Zellkerne können in den Pilzfäden miteinander fusionieren, Chromosomen austauschen und Gene neu kombinieren. Schließlich entstehen durch Chromosomenverluste aus diploiden Kernen wieder haploide Kerne. Durch diese Form der Parasexualität kommt es zu genetischer Variabilität der verschiedenen Pilzfäden.

4. Genübertragung bei Bakterien

Bakterien vermehren sich ausschließlich ungeschlechtlich durch Zweiteilung. Dennoch kommt es bei ihnen unter bestimmten Bedingungen zur DNA-Übertragung zwischen Bakterien derselben oder verschiedener Arten.

Transformation

Manche Bakterien können freie DNA verwandter Arten durch ihre Zellwand aufnehmen und in ihr Genom einbauen. Erleichtert wird diese Aufnahme durch Rezeptoren auf der Bakterienoberfläche (Abb. S. 48). Auf diese Weise erhalten Bakterien neue Eigenschaften wie beispielsweise Resistenz gegen Antibiotika oder die Fähigkeit zum Aufbau bestimmter Aminosäuren.

Konjugation

Bakterien besitzen frei im Bakterienplasma vorkommende DNA-Ringe (Plasmide). Sie können sich unabhängig vom Hauptchromosom vermehren und zuvor verdoppelte Plasmid-DNA auf andere Bakterien übertragen (Abb. S. 48). Diese Übertragung geschieht über die Bildung einer Zellplasmabrücke (Konjugation) von der Spenderzelle (F$^+$-Zelle) in die Empfängerzelle (F$^-$-Zelle). Plasmide tragen häufig Gene, die Resistenzen gegen Antibiotika u. a. codieren (Resistenz-Faktoren). Sie können durch Konjugation übertra-

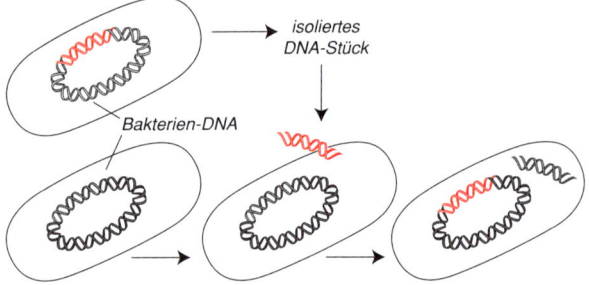

Transformation: Ein DNA-Stück einer verwandten Bakterienart wird durch die Zellwand aufgenommen und in das Genom eingebaut.

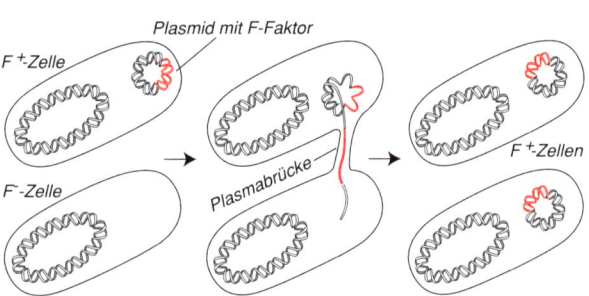

Konjugation: Ein zuvor repliziertes Stück der Spender-DNA (F⁺-Zelle) wandert durch die Plasmabrücke in die Empfängerzelle.

Transformation und Konjugation bei Bakterien

gen werden und sich dann innerhalb der Bakterienpopulation rasch ausbreiten.

Konjugation und Transformation sind wie die Transduktion durch Viren (S. 50) in der Natur weit verbreitete Vorgänge der Genübertragung.

Auch zwischen nicht verwandten Bakterien kommt es gelegentlich zum Austausch von Genen. Gefährlich wird es dann, wenn Resistenz-Faktoren von harmlosen Bakterien wie Escherichia coli auf gefährliche Arten übertragen und dort neu kombiniert werden. So kennt man beispielsweise mehrfachresistente Shigella-Stämme, die Erreger der Ruhr, die durch Konjugation mehrere verschiedene Antibiotika-Resistenzgene besitzen. Jedes Resistenzgen codiert vermutlich ein Enzym, das ein bestimmtes Antibiotikum chemisch verändert und so unwirksam macht. Um die Behandlung von Infektionskrankheiten durch Antibiotika auch in Zukunft sicherzustellen, muss der Einsatz von Antibiotika daher auf besonders dringliche Fälle beschränkt werden.

Ein *horizontaler Gentransfer* zwischen nicht verwandten Arten findet durch bestimmte Bodenbakterien statt, die in der Lage sind, eigene Plasmid-DNA in Pflanzen zu übertragen. Dies kann bei den Pflanzen zur Ausbildung von Tumoren führen. In der Gentechnik werden diese Plasmide zur Übertragung fremder Gene genutzt.

Agrobacterium tumefaciens

*Das aerobe Bodenbakterium Agrobacterium tumefaciens besitzt ein **T**umor **i**nduzierendes Plasmid (Ti-Plasmid). Es kann in Pflanzenzellen übertragen und in das Pflanzengenom integriert werden. Durch diese natürliche genetische Manipulation entstehen bei den Pflanzen krebsartige Wucherungen (Wurzelhalsgallen), bewirkt durch ein Teilstück des Ti-Plasmids.*

Verletztes Pflanzengewebe sendet Phenole als Wundsignale aus. An der Wundstelle überträgt Agrobacterium tumefaciens transformierende DNA des Plasmids als lineares DNA-Stück in die Pflanzenzelle. Die übertragenen Gene codieren einerseits Enzyme für die Bildung von Phytohormonen, die zu unkontrollierter Zellteilung und somit zu einer Tumor- bzw. Gallenbildung führen. Darüber hinaus codieren die übertragenen Gene Enzyme, die die Synthese bestimmter Aminosäureverbindungen (Opine) hervorrufen und den Bakterien so Kohlenstoffdioxid- und Stickstoff für ihr Wachstum liefern.

Diese Form des natürlichen Gentransfers dient heute als Modell für eine kontrollierte Genübertragung zur Zucht verbesserter Nutzpflanzen.

5. Transduktion durch Viren

Bakteriophagen sind Viren, die sich vermehren, indem sie ihr Erbgut (DNA oder RNA) in Bakterienzellen einschleusen, während die Proteinhülle außerhalb der Bakterienzelle zurückbleibt. Die eingeschleuste Phagen-DNA wird in das Bakterienchromosom integriert.

Man unterscheidet bei Bakteriophagen zwei unterschiedliche Vermehrungszyklen:

Lytischer Zyklus: Krankheitserregende (virulente) Phagen veranlassen eine Bakterienzelle nach erfolgter Anheftung (Adsorption) und Injektion ihrer Erbinformation zur Bildung von Phagenbausteinen. Diese lagern sich zu neuen Phagen zusammen (self-assembly). Anschließend kommt es zur Auflösung (Lyse) der Bakterienzelle, die freigesetzten Phagen können neue Bakterien infizieren.

Lysogener Zyklus: Bei dieser Vermehrungsart wird die Erbinformation des Phagen vorübergehend in die Bakterien-DNA eingebaut. Die Phagen-DNA verbleibt als inaktiver sog. Prophage im Bakterium, das sich lange Zeit weiter vermehren kann. Mit der Wirts-DNA wird nun auch die Virus-DNA verdoppelt und auf die Tochterzellen verteilt. Durch Außeneinflüsse wie UV-Licht kann die inaktive Phagen-DNA aus dem Chromosom herausgelöst werden. Auf diese Weise kann ein Prophage in einen lytischen Zyklus übergehen, aus einem sog. temperenten (gemäßigten) Phagen wird ein virulenter.

Werden temperente Phagen „aktiviert", können angrenzende Bereiche des Bakterienchromosoms mit ausgeschnitten und beim Zusammenbau der neuen Phagen (self-assembly) zusammen mit der Phagen-DNA verpackt werden. Die neu gebildeten Phagen übertragen dann Teile des Bakteriengenoms in andere Bakterien. Eine solche Übertragung von DNA mit Hilfe temperenter Phagen nennt man Transduktion. Genau diese Fähigkeit zum *natürlichen Gentransfer* machen sich Gentechniker zunutze, wenn sie Viren zur Übertragung artfremder DNA in Wirtszellen einsetzen.

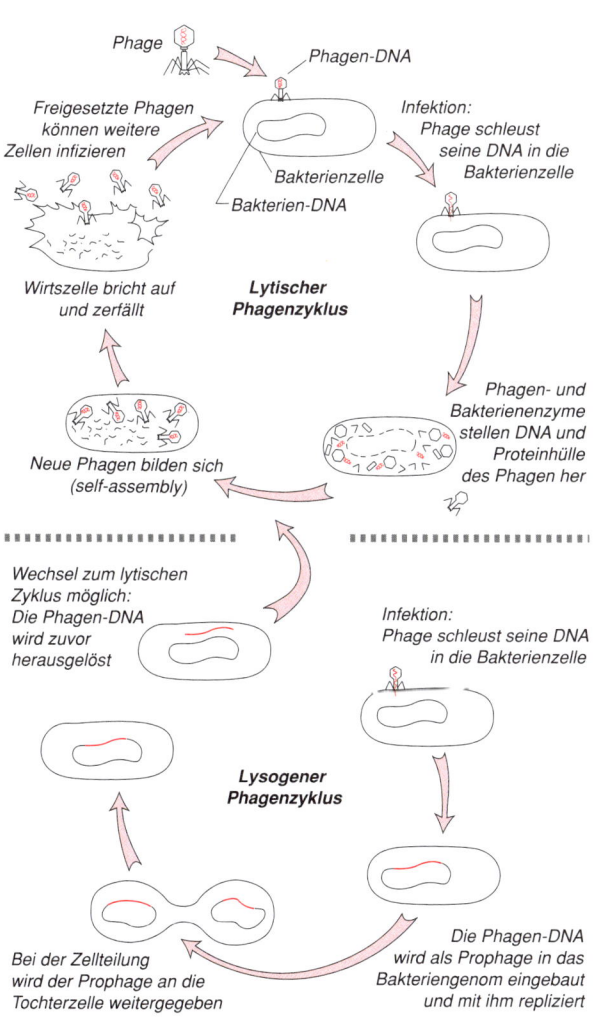

Phage

Phagen-DNA

Freigesetzte Phagen können weitere Zellen infizieren

Infektion: Phage schleust seine DNA in die Bakterienzelle

Bakterienzelle

Bakterien-DNA

Lytischer Phagenzyklus

Wirtszelle bricht auf und zerfällt

Phagen- und Bakterienenzyme stellen DNA und Proteinhülle des Phagen her

Neue Phagen bilden sich (self-assembly)

Wechsel zum lytischen Zyklus möglich: Die Phagen-DNA wird zuvor herausgelöst

Infektion: Phage schleust seine DNA in die Bakterienzelle

Lysogener Phagenzyklus

Bei der Zellteilung wird der Prophage an die Tochterzelle weitergegeben

Die Phagen-DNA wird als Prophage in das Bakteriengenom eingebaut und mit ihm repliziert

Lytischer und lysogener Vermehrungszyklus von Phagen

IV Methoden der Gentechnik

1. Werkzeuge der Gentechnik

Unter Gentechnik versteht man die gezielte Übertragung von Fremdgenen in das Erbgut einer Zelle oder eines Organismus. Durch das Einschleusen fremder Gene kann man Mikroorganismen ebenso wie Säugetierzellen dazu veranlassen, in ihrem Stoffwechsel auch fremde Stoffe zu produzieren. Bei der Teilung der gentechnisch veränderten Zellen wird das stabil in das Wirtsgenom eingebaute Fremdgen an die Tochterzellen weitergegeben, als ob es ein eigenes Gen wäre. Damit ist eine wirtschaftlich interessante Umsetzung eines Gens in ein entsprechendes Produkt (Genexpression) wie beispielsweise Insulin möglich.

Zur gentechnischen Veränderung benötigt man

- das einzufügende Gen, also das entsprechende DNA-Stück,
- eine Wirtszelle, in die das Gen erfolgreich eingebaut werden kann,
- ein Verfahren, um die fremde DNA in die Wirtszelle einzuschleusen,
- eine Methode, um die Zellen wieder aufzufinden, die fremde DNA in der richtigen Form aufgenommen haben.

DNA-Vektoren

Transportsysteme, mit denen fremde DNA so in eine Wirtszelle eingeschleust werden kann, dass sie in deren genetische Information eingebaut wird, bezeichnet man als Vektoren, als Trägermoleküle oder auch als Genfähren.

Viele Bakterienzellen besitzen neben dem Hauptchromosom kleinere doppelsträngige Ring-DNA-Moleküle (Plasmide), die über eine Plasmabrücke (Sex-Pilus) auf andere Bakterien übertragen werden können. Sie lassen sich durch spezielle Aufschluss- und Zentrifugationstechniken aus Bakterien isolieren und als Vektoren einsetzen. Entscheidend für die Belange der Gentechnik ist, dass Plasmide sich identisch verdoppeln können.

Man kennt heute verschiedene Typen von Vektoren, die alle bestimmte Eigenschaften aufweisen: Sie können DNA-Abschnitte an definierten Positionen integrieren, passieren unversehrt die Zellmembran von Wirtszellen und verhalten sich dort wie selbstständige genetische Elemente. Sie erlauben die Bildung zahlreicher Kopien, die bei der Zellteilung an die Tochterzellen weitergegeben werden. Mit bestimmten Selektionsmarkern (S. 55) versehen, ermöglichen sie die Identifizierung der gentechnisch veränderten Wirtszellen.

Restriktionsenzyme und DNA-Ligasen

Wie aber kann ein DNA-Stück gezielt ausgelöst, wie in die Vektoren-DNA eingefügt werden? Als „Schere der Molekularbiologen" dienen sog. Restriktionsenzyme (Schneideenzyme, Restriktionsendonukleasen), die DNA-Moleküle an festgelegten Stellen aufschneiden und in unterschiedlich große Stücke zerlegen. Dabei erkennen sie die spezifische Basensequenz, an denen sie den DNA-Doppelstrang auftrennen. Solche Schneideenzyme werden von den Bakterien selbst produziert, um beispielsweise fremde Erbsubstanz eingedrungener Bakteriophagen abzubauen und unwirksam zu machen.

Man kennt heute mehrere hundert verschiedene Restriktionsenzyme. Es gibt solche, die den DNA-Doppelstrang an einer Stelle so durchtrennen, dass glatte Enden entstehen. Andere trennen die DNA etwas versetzt auf. Dabei entstehen zwei überstehende Einzelstrangenden mit komplementärer Nukleotidsequenz, sog. klebrige Enden (sticky ends). Für gentechnische Zwecke sind Restriktionsenzyme, die klebrige Enden bilden, die interessanteren. Passende DNA-Ein-

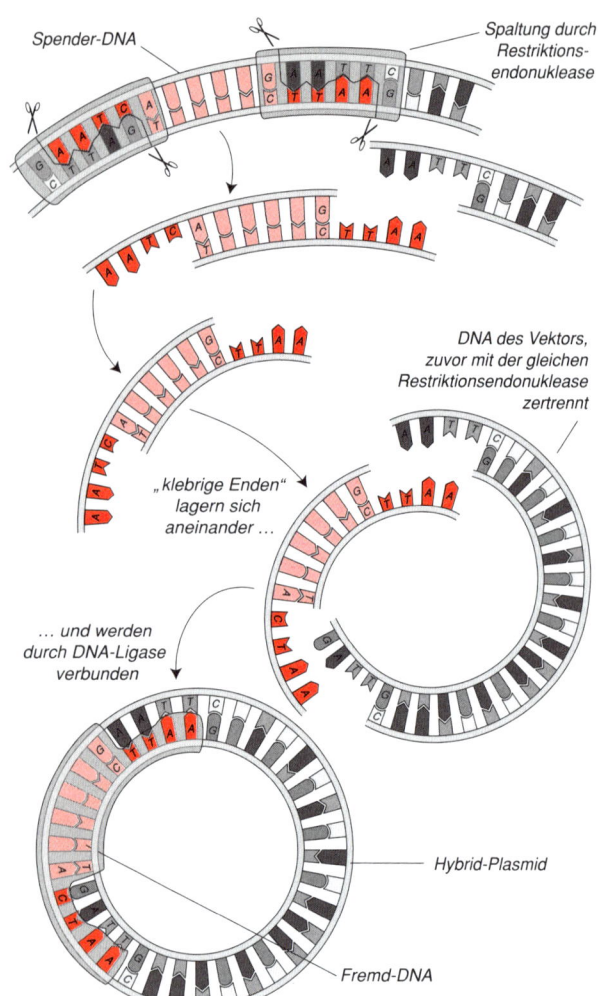

Spender-DNA

Spaltung durch Restriktions-endonuklease

DNA des Vektors, zuvor mit der gleichen Restriktionsendonuklease zertrennt

„klebrige Enden" lagern sich aneinander …

… und werden durch DNA-Ligase verbunden

Hybrid-Plasmid

Fremd-DNA

Wirkungsweise von Restriktionsendonuclease und DNA-Ligase

zelstrangenden lagern sich aufgrund der Basenpaarung spontan zusammen und können von sog. DNA-Ligasen (Verknüpfungsenzyme) auch mit fremder DNA verbunden werden. Auf diese Weise lassen sich Hybrid-Plasmide erzeugen, die dann in Wirtszellen eingeschleust werden können.

Die Einführung von Fremd-DNA in eine Prokaryotenzelle nennt man *Transformation,* bei Eukaryoten spricht man von *Transfektion.* Mit Hilfe der Restriktionsenzyme kann man Gene aus der DNA von Pflanzen, Tieren und Menschen isolieren und ebenso Plasmid-DNA von Bakterien auftrennen.

Selektion transformierter Wirtszellen

Fremd-DNA lässt sich nicht gezielt in einen Vektor einfügen, da man nicht sicher voraussagen kann, ob sie sich tatsächlich an den klebrigen Enden anlagert und in das Genom integriert wird. Darum ist es notwendig, diejenigen Zellen zu selektieren, die das übertragene Gen tatsächlich aufgenommen haben.

In der Gentechnik wird heute insbesondere mit Bakterien, Pilz-, Pflanzen-, Insekten- und Säugetierzellen gearbeitet. Der am häufigsten verwendete Wirtsorganismus ist das Bakterium Escherichia coli. Bakterien als Wirtszellen besitzen gegenüber eukaryotischen Zellen den Vorteil eines einfacheren Baus, einer schnelleren Vermehrung und einer problemloseren Kultivierbarkeit.

Entscheidend für die Eignung eines Wirtsorganismus ist, dass bei ihnen die Frage, ob die Genübertragung erfolgreich war, einfach zu klären ist. Um das feststellen zu können, überträgt man mit dem Vektor nicht nur das Gen für eine gewünschte Eigenschaft, sondern außerdem noch ein Markierungsgen (Markergen), das die Selektion der veränderten Zellen erlaubt. Besonders interessant sind in diesem Zusammenhang sog. Mangelmutanten, denen die genetische Information zur eigenen Synthese eines bestimmten Stoffes fehlt und die diesen aufnehmen müssen. Solche Mangelmutanten können auf einem Nährmedium nur überleben, wenn diesem der entsprechende Stoff, beispielsweise eine Aminosäure, zugesetzt wird. Um die gentechnisch veränderten Wirtsorganismen zu selektieren, integriert man bei der Transformation von Bakterienzellen in den Vektor häufig zusätzlich ein Gen zur Synthese der Mangelsubstanz. Bringt man solche Bakterien auf ein Nährmedium ohne die entsprechende Substanz, können nur diejenigen wachsen, die den Vektor enthalten.

Eine andere Möglichkeit zu überprüfen, ob die Genübertragung erfolgreich war, besteht darin, den Vektor zusätzlich mit einem Markergen für Antibiotika-Resistenz auszustatten. Nur die gentechnisch veränderten Zellen überleben bei Anwesenheit des entsprechenden Antibiotikums.

Selektion und Vermehrung transformierter Gene

Mischt man geöffnete Vektor-Plasmide im Reagenzglas mit passender Fremd-DNA, kommt es nach Zugabe von DNA-Ligase zum Einbau. Dabei entstehen Hybrid-Plasmide, es werden aber auch ursprüngliche Plasmide und Ringe aus reiner Fremd-DNA gebildet. All diese Moleküle mischt man mit Wirtsbakterien, die diese nun in ihren Organismus einbauen.

Um anschließend diejenigen Bakterien identifizieren zu können, die die Fremd-DNA erfolgreich eingebaut haben, verwendet man als Vektoren beispielsweise Plasmide mit Resistenzgenen gegen die Antibiotika Tetracyclin und Ampicillin. Die Fremd-DNA wird dabei in das Plasmidgen für Tetracyclin-Resistenz eingebaut, wodurch diese Resistenz blockiert wird.

Anschließend kultiviert man die Bakterien auf zwei verschiedenen Nährböden: Der erste enthält das Antibiotikum Ampicillin, der zweite das Antibiotikum Tetracyclin.

- *Auf dem Nährboden mit Ampicillin vermehren sich Bakterien mit eingebauter Fremd DNA und solche mit dem Original-Plasmid.*
- *Auf Nährboden mit Tetracyclin können sich Bakterien mit eingebauter Fremd-DNA nicht vermehren (die Fremd-DNA blockiert das Gen für Tetracyclin-Resistenz), wohl aber Bakterien mit dem Original-Plasmid.*

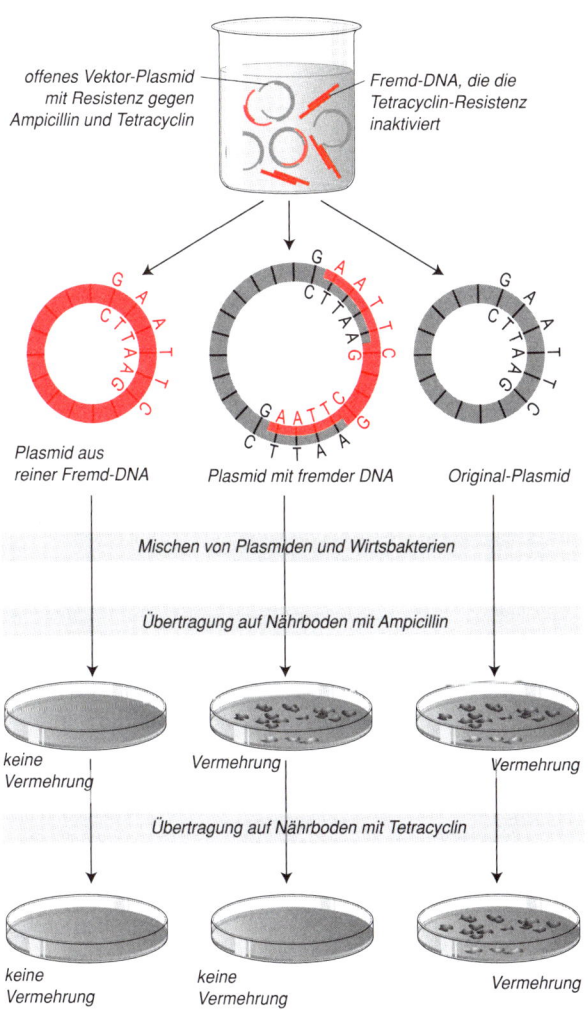

offenes Vektor-Plasmid mit Resistenz gegen Ampicillin und Tetracyclin

Fremd-DNA, die die Tetracyclin-Resistenz inaktiviert

Plasmid aus reiner Fremd-DNA

Plasmid mit fremder DNA

Original-Plasmid

Mischen von Plasmiden und Wirtsbakterien

Übertragung auf Nährboden mit Ampicillin

keine Vermehrung

Vermehrung

Vermehrung

Übertragung auf Nährboden mit Tetracyclin

keine Vermehrung

keine Vermehrung

Vermehrung

Selektion und Vermehrung eines Fremdgens

- *Bakterien mit Plasmiden aus reiner Spender-DNA gedeihen auf keinem der Antibiotika-Nährböden.*

Wirtsbakterien, die auf Nährböden mit Ampicillin, nicht aber auf Tetracyclin-Nährboden gedeihen, werden dann auf ein geeignetes Medium übertragen und dort vermehrt.

Genklonierung – Begriffsbestimmung
*Den Einbau eines Fremdgens in einen Vektor und die nachfolgende Vermehrung der entsprechenden DNA-Sequenz in Wirtszellen bezeichnet man als Genklonierung. Diese Definition des gentechnischen Begriffs **Klonieren** unterscheidet sich vom Begriff **Klonen**, wie er in der Tier- und Pflanzenzucht verwendet wird. Hier versteht man unter Klonen die ungeschlechtliche genetisch identische Vermehrung eines Lebewesens (S. 37).*

2. Isolierung und Gewinnung von Genen

Ein Gen, das zur Übertragung von Interesse ist, befindet sich im Genom der Spenderzelle. Dieses Gen, dessen genaue Lage man oft nicht kennt, muss zunächst isoliert werden. Die Gentechnik verfügt über verschiedene Methoden zur Genisolierung.

Genbibliotheken

Eine der häufigsten Methoden zur Isolierung von Genen ist das Anlegen sog. Genbibliotheken. Dazu wird das Genom eines Spenderorganismus mit geeigneten Restriktionsenzymen in zahlreiche Spaltstücke zerlegt und in entsprechend viele Vektoren eingebaut. Neben Plasmiden werden für dieses Verfahren auch Vektoren aus dem Bakteriophagen Lambda verwendet, denn mit λ-Vektoren lassen sich größere DNA-Fragmente klonieren als mit Bakterien-Plasmiden. Spender-DNA und Vektoren-DNA werden mit den gleichen Restriktionsenzymen geschnitten. Die Bruchstücke werden dann vermischt, wobei sich die klebrigen Enden nach dem Zufallsprinzip zusammenlagern. Mit DNA-Ligase verbin-

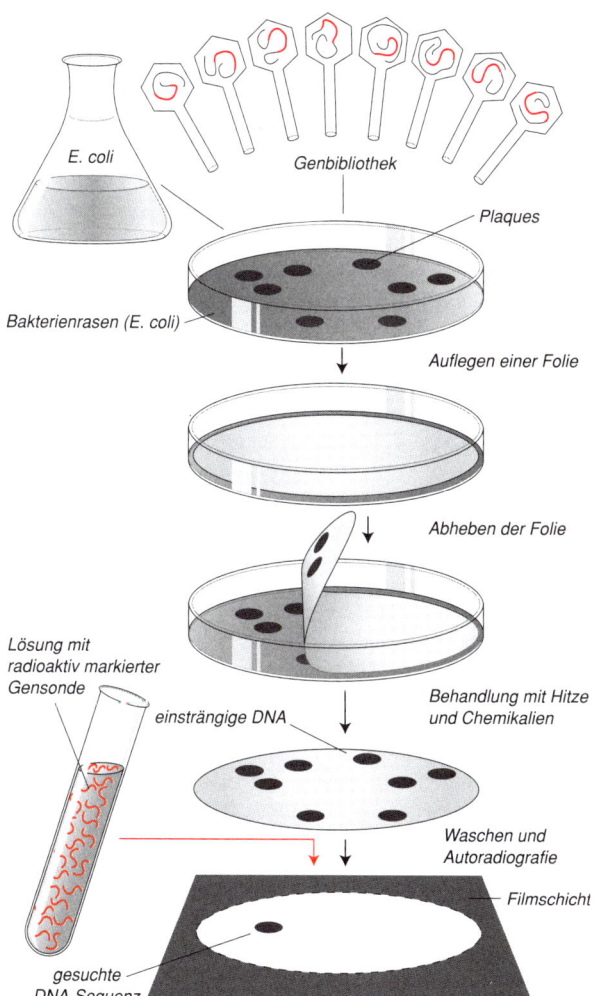

E. coli

Genbibliothek

Plaques

Bakterienrasen (E. coli)

Auflegen einer Folie

Abheben der Folie

Lösung mit
radioaktiv markierter
Gensonde

einsträngige DNA

Behandlung mit Hitze
und Chemikalien

Waschen und
Autoradiografie

Filmschicht

gesuchte
DNA-Sequenz

Screening mittels Gensonde

det man die neu kombinierten DNA-Moleküle. Die so entstandenen Vektoren werden in Wirtsbakterien (z. B. Escherichia coli) eingeschleust und dort vermehrt (kloniert). Als Ergebnis erhält man zahllose Kopien jedes DNA-Spaltstückes aus dem Spendergenom. Zusammen bilden sie die Genbibliothek des entsprechenden Spenderorganismus.

Isolierung eines Klons mit einer Gensonde

Liegen die rekombinierten DNA-Sequenzen des Spenderorganismus als Genbibliothek vor, kann nach dem gewünschten Gen gesucht werden. Diese Suche wird als *screening* bezeichnet. Man verwendet dazu künstlich hergestellte, kürzere und stets einsträngige DNA- oder RNA-Stücke, die radioaktiv markiert werden und zu den gesuchten Gensequenzen komplementär sind, sog. Gensonden. Eine solche Gensonde geht nur mit einer ihr spiegelbildlich entsprechenden DNA-Sequenz Basenpaarungen ein.

Zur Identifizierung des gesuchten Gens werden Klone aus der Genbibliothek auf einem Bakterienrasen ausgebracht (Abb. S. 59). Jeder Klon erzeugt auf dem Bakterienrasen ein sichtbares Loch, ein sog. Plaque, da die Phagen die Bakterien abtöten. Mittels einer Folie werden die Klone jeden Plaques abgenommen und fixiert. Die Folie wird so behandelt, dass die DNA denaturiert, d. h. im Einzelstrang-Zustand vorliegt. Trägt man nun eine Lösung mit radioaktiv markierten Gensonden auf, lagern sich diese an komplementären Genabschnitten der einsträngigen DNA an und bilden einen Doppelstrang (hybridisieren). Gensonden, die keine komplementären Sequenzen gefunden haben, werden abgewaschen.

Da die Gensonde eine radioaktive Markierung trägt, lässt sich ihre Position durch das Auflegen eines Röntgenfilms genau bestimmen. An der Stelle der Folie, wo sich auf dem Film ein schwarzer Punkt zeigt, befinden sich die Phagenklone mit dem gesuchten Fremdgen. Diese können anschließend – mit dem eingebauten Fremdgen – in einer Bakterienaufschwemmung vermehrt werden.

Herstellen von cDNA

Zellen, die auf die Herstellung eines bestimmten Proteins spezialisiert sind, enthalten viel mRNA für dieses Protein. Eine solche mRNA kann man isolieren und als Vorlage für einen komplementären DNA-Strang verwenden. Durch „umgekehrte" Transkription wird mit Hilfe des Enzyms Reverse Transkriptase eine DNA-Kopie synthetisiert, die cDNA (copy-DNA). Anschließend wird der mRNA-Strang

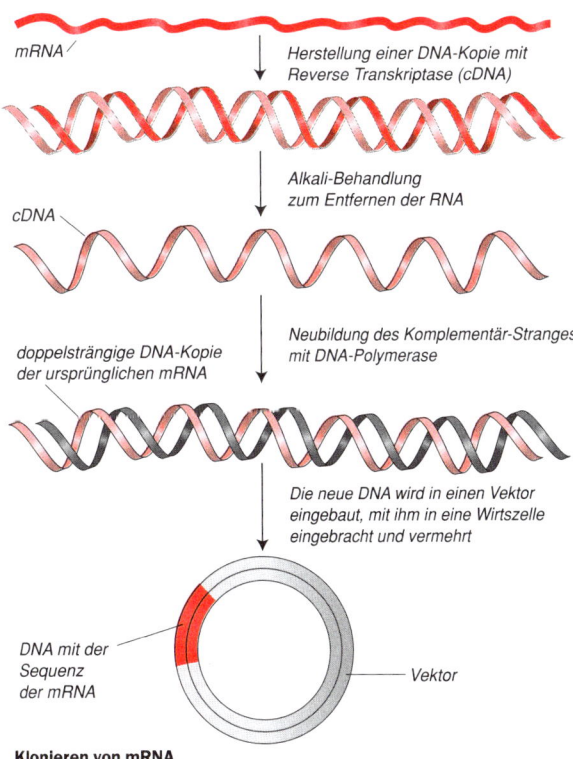

mRNA

Herstellung einer DNA-Kopie mit
Reverse Transkriptase (cDNA)

Alkali-Behandlung
zum Entfernen der RNA

cDNA

doppelsträngige DNA-Kopie
der ursprünglichen mRNA

Neubildung des Komplementär-Stranges
mit DNA-Polymerase

Die neue DNA wird in einen Vektor
eingebaut, mit ihm in eine Wirtszelle
eingebracht und vermehrt

DNA mit der
Sequenz
der mRNA

Vektor

Klonieren von mRNA

entfernt und mit Hilfe von DNA-Polymerase der komplementäre DNA-Strang ergänzt. Nachdem diese DNA mit zusätzlichen klebrigen Enden versehen wurde, kann man sie in einen Vektor einbauen, in eine geeignete Wirtszelle einbringen und klonieren. Eine Mischung aus unterschiedlichen cDNA-Klonen bildet eine cDNA-Bibliothek, aus der ähnlich wie aus einer Genbibliothek einzelne Klone isoliert werden können.

Diese Methode ist auch bedeutsam, weil die Gewinnung reiner RNA sehr schwierig und RNA bei der Handhabung im Labor sehr instabil ist.

Vervielfältigung eines Gens mit PCR

Kennt man die Nukleotidsequenz eines Gens, lassen sich mit dem Verfahren der Polymerase-Kettenreaktion (PCR = polymerase chain reaction) geringste Mengen eines DNA-Stücks im Reagenzglas praktisch unbegrenzt für weitere Versuchszwecke vermehren. Die Nukleotid-Sequenz des zu vervielfältigenden DNA-Abschnittes kann mit der Methode der DNA-Sequenzierung (S. 65) ermittelt werden. Grundlage der Polymerase-Kettenreaktion ist ein wiederholt durchgeführter DNA-Syntheseschritt, wobei jeweils der gewünschte DNA-Abschnitt verdoppelt wird.

Zur Vermehrung benötigt man den gewünschten DNA-Abschnitt, die Grundelemente der DNA (die vier verschiedenen Nukleotide) sowie hitzestabile Polymerase aus Bakterien. Polymerasen sind Enzyme, die bei Wachstumsprozessen die Vermehrung der genetischen Information für die Tochterzellen steuern. Zum Start der Synthese benötigt die Polymerase ein kurzes Starter-Molekül auf der DNA, einen sog. Primer. Darum werden zwei Primer-Moleküle konstruiert, die zu den beiden Enden des DNA-Doppelstranges komplementär sind.

Zunächst wird die Ausgangs-DNA-Sequenz durch Erhitzen in Einzelstränge gespalten, sodass sich die Primer anlagern können. Dann werden die genannten Bestandteile und eine größere Menge von Primern in die Reaktionslösung gege-

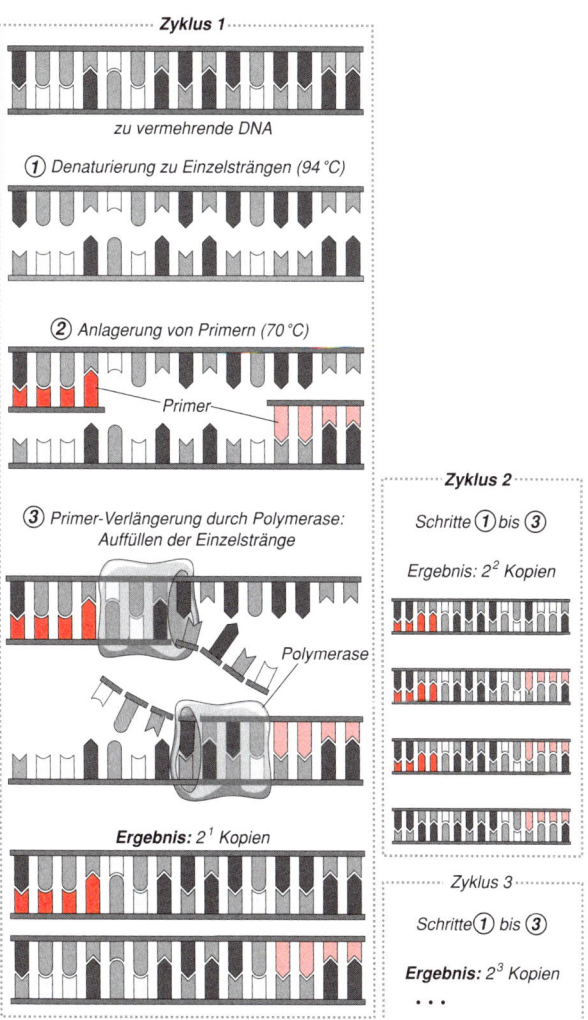

PCR-Methode – zyklische Vermehrung von DNA

Zyklus 1

zu vermehrende DNA

① Denaturierung zu Einzelsträngen (94 °C)

② Anlagerung von Primern (70 °C)

Primer

③ Primer-Verlängerung durch Polymerase: Auffüllen der Einzelstränge

Polymerase

Ergebnis: 2^1 Kopien

Zyklus 2

Schritte ① bis ③

Ergebnis: 2^2 Kopien

Zyklus 3

Schritte ① bis ③

Ergebnis: 2^3 Kopien

. . .

ben. Nach Abkühlen synthetisiert die Polymerase neue DNA-Doppelstränge. Kurze Zeit später werden diese durch erneutes Erhitzen aufgetrennt. Nach rascher Abkühlung lagern die neuen Einzelstränge wieder an den Primern an und es erfolgt erneut eine Synthese zu Doppelsträngen.

In sog. Thermozyklern werden die Versuchsbedingungen vollautomatisch gesteuert und die Anzahl der Zyklen programmiert. Nach 25 Zyklen sind dann beispielsweise 2^{25} Kopien der Ausgangssequenz entstanden.

Methoden der Molekulargenetik

Nach Spaltung der homologen DNA verschiedener Individuen mit Restriktionsenzymen befinden sich in den Probengläsern unterschiedlich lange DNA-Fragmente.

*Trennen. Mit der **Gelelektrophorese** können Fragmentgemische aufgrund unterschiedlicher Beweglichkeit der Einzelkomponenten in einem elektrischen Feld aufgetrennt werden. Als Trägermaterial verwendet man Agarose- oder Polyacrylamid-Gele. Jede Probe bildet dabei ein spezifisches Bandenmuster, wobei eine Bande aus DNA-Fragmenten einheitlicher Größe besteht.*

*Sichtbar machen. **Southern-Blotting-Technik** ist ein Verfahren zur Lokalisierung von DNA-Fragmenten durch Doppelstrangbildung (Hybridisierung) mit markierten DNA-Abschnitten. Die DNA im Gel wird dazu in Einzelstränge aufgespalten (Denaturierung) und durch Kapillarkräfte auf einen Nitrozellulosefilter übertragen und fixiert. Der „Abklatsch" wird mit markierten Gensonden behandelt, die aufgrund komplementärer Basen nun Hybrid-Moleküle bilden. Radioaktiv markierte Sonden aus einzelsträngiger DNA hybridisieren mit der komplementären DNA der Restriktionsfragmente auf dem Filter. Nicht gebundene DNA wird abgewaschen.*

*Markieren. Der Bindungsort von DNA-Fragmenten und DNA-Sonden wird bei radioaktiver Markierung durch **Autoradiografie** nachgewiesen. Dazu bringt man einen Röntgenfilm auf den Filter. Die Radioaktivität der DNA-Sonden führt zur Schwärzung des Filmes und zeigt an, ob und an welchen Banden es zu einer Basenpaarung mit der komplementären Sonde gekommen ist.*

RFLP-Analyse

Die RFLP-Analyse wird insbesondere in der Humangenetik zur Identifizierung und Isolierung von Genen eingesetzt. Homologe DNA-Sequenzen verschiedener Personen unterscheiden sich etwas in der Reihenfolge ihrer Basen. Trennt man die DNA-Segmente elektrophoretisch auf, erzeugt jedes durch Restriktionsenzyme gebildete Fragment einer bestimmten Länge eine Bande, wodurch sich ein charakteristisches Bandenmuster ergibt. Ein Vergleich der Bandenmuster mehrerer Personen zeigt Unterschiede, da die Restriktions-Fragmente der homologen DNA-Abschnitte unterschiedlich lang sind. Man nennt dieses Phänomen Restriktionsfragment-Längenpolymorphismus (RFLP; gesprochen: „riflips"). RFLPs lassen sich mit Hilfe der Southern-Blotting-Technik sichtbar machen.

Die RFLP-Analyse wird zur genetischen Kartierung des menschlichen Genoms und zur Diagnose von Erbkrankheiten eingesetzt. In der Gerichtsmedizin liefert sie den „genetischen Fingerabdruck" eines Menschen (S. 67).

DNA-Sequenzierung

Das gezielte Übertragen eines bestimmten Gens setzt die Kenntnis der jeweiligen DNA-Basensequenz voraus, die dieses Gen codiert. Eine Möglichkeit der Sequenzanalyse besteht darin, ein DNA-Fragment in alle denkbaren, unterschiedlich langen Bruchstücke zu zerlegen (Abb. S. 66). Anschließend wird das DNA-Molekül, das analysiert werden soll, mit radioaktiv markierten Primern hybridisiert und durch Denaturierung einsträngig gemacht. Die einsträngige DNA wird dann in vier Reagenzgläsern folgendermaßen gespalten:

Jeder Ansatz erhält alle Komponenten für die Synthese eines Komplementärstranges. Zusätzlich enthält jedes Reaktionsgemisch eines der vier Nucleotide (mit Guanin, Cytosin, Adenin oder Thymin) in einer abweichend gebauten (falschen) Form. In jedem Reagenzglas findet nun die Synthese einer doppelsträngigen DNA statt. Wird jedoch ein „fal-

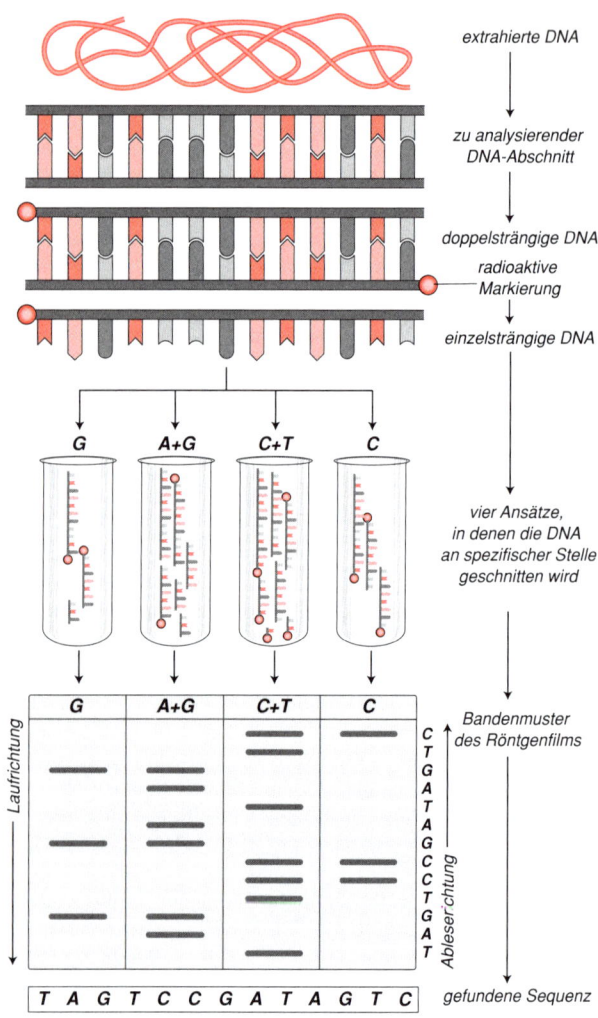

extrahierte DNA

zu analysierender DNA-Abschnitt

doppelsträngige DNA

radioaktive Markierung

einzelsträngige DNA

vier Ansätze, in denen die DNA an spezifischer Stelle geschnitten wird

Bandenmuster des Röntgenfilms

gefundene Sequenz

G   A+G   C+T   C

Laufrichtung

Ableserichtung

C T G A T A G C C C T G A T

T A G T C C G A T A G T C

DNA-Sequenzanalyse

sches" Nukleotid eingebaut, führt dies zum Abbruch der Synthese. So entsteht ein Gemisch radioaktiv markierter DNA-Doppelstrangstücke von unterschiedlicher Länge.

Die neu entstandenen DNA-Stränge werden durch Erwärmen in Einzelstränge aufgespalten und mit Hilfe der Gelelektrophorese aufgetrennt. Im elektrischen Feld wandern die kürzeren Stränge schneller und weiter als die längeren. Auf einem Röntgenfilm können diese Stränge als Bandenmuster aufgrund der radioaktiven Markierung der Primer sichtbar gemacht werden. Anhand der Lage der Schwärzung kann die Länge der Ketten abgelesen und das jeweils letzte eingebaute Abbruch-Nukleotid identifiziert werden. Hieraus lässt sich die gebildete Basensequenz ablesen, die zu der DNA-Sequenz, die analysiert werden sollte, komplementär ist.

Die DNA-Sequenzierung verläuft heute vollautomatisch und führte inzwischen im Rahmen des Humangenomprojektes zur Aufklärung der Basenfolge des menschlichen Genoms (S. 113).

„Genetischer Fingerabdruck"(DNA-Fingerprint)

Die DNA einer einzigen menschlichen Zelle genügt, um sie einer bestimmten Person zuordnen zu können. Der sog. genetische Fingerabdruck dient der Zuordnung von Spurenmaterial wie Blut, Sperma oder Speichel in der Kriminalistik, um Täter eindeutig zu identifizieren. Das Verfahren beruht darauf, dass die DNA verschiedener Menschen trotz weitgehender Übereinstimmung bestimmte Sequenzunterschiede zeigt.

Die DNA des Spurenmaterials wird durch Polymerase-Kettenreaktion vermehrt und dann durch Restriktionsenzyme zerlegt. Mit der DNA Tatverdächtiger verfährt man ebenso. Die Fragmente werden gelelektrophoretisch getrennt und nach der Southern-Blotting-Technik mit Gensonden markiert. Für jeden Menschen ergibt sich ein charakteristisches Bandenmuster das mit Hilfe strahlenempfindlicher Filme als Autoradiogramm sichtbar gemacht werden kann. Dasselbe Verfahren verwendet man beim Vaterschaftsnachweis oder bei Tests auf bestimmte Erbkrankheiten.

3. Vektoren zur Genübertragung

Vektoren sind Nukleinsäuremoleküle, die als Träger von Fremd-DNA dienen und diese in Wirtszellen einschleusen (S. 52. Ein idealer Vektor weist viele Restriktionsschnittstellen und mindestens ein Markergen auf. Manche Vektoren sind lediglich Trägermoleküle für Fremd-DNA, andere können den Gentransfer in der Wirtszelle selbstständig durchführen.

Daher verwendet man für gentechnische Arbeiten eine Vielzahl verschiedener Vektoren, die alle auf demselben Prinzip basieren. Besonders geeignet sind dabei solche, bei denen die Vermehrung der Fremd-DNA eine möglichst große Ausbeute erbringt.

Bakterien-Plasmide

Die immer ringförmigen Plasmide (S. 52 f.) bestehen meist aus 2000 bis 50 000 Basenpaaren und sind somit im Vergleich zur Länge des Bakterien-Chromosoms mit $4 \cdot 10^6$ Basenpaaren winzige Moleküle. Als Klonierungsvektoren müssen die unabhängig replizierenden Plasmide folgende Bedingungen erfüllen:

- Sie müssen klein sein, um leicht in eine Wirtszelle eindringen zu können. Je kleiner das Plasmid, desto günstiger ist auch das Mengenverhältnis von Vektor-DNA zu Fremd-DNA.
- Sie sollten in möglichst hoher Kopienzahl in der Zelle vorliegen und
- die Zahl der Kopien sollte bei Zellteilungen konstant bleiben.

Plasmide, die nur eine einzige Schnittstelle pro Restriktionsenzym besitzen, sind dabei für die Gentechnik besonders interessant.

Man besitzt heute zahlreiche Plasmide, deren Basensequenz bekannt ist. Damit kennt man auch deren Replikationsstartpunkt (Promotor) und die Basensequenz der Ribosomenbindungsstelle der mRNA (S. 30). Da Plasmide häufig Resistenzgene gegen mehrere Antibiotika tragen, kann diese Eigenschaft dazu verwendet werden, ursprüngliches Plasmid und Hybrid-Plasmid zu unterscheiden (S. 56).

Viren als Vektoren

Viren haben als Vektoren gegenüber Plasmiden den Vorteil, dass sie eine größere Anzahl an Nachkommen erzeugen. Bevor sie aber in eine Empfängerzelle eingebracht werden, müssen sie so verändert werden, dass ihre DNA den Organismus nicht schädigt. Ihre Vermehrung muss also in diesem Fall unterbunden werden.

Das Virus SV40 (Simian Virus 40) ist einer der am besten bekannten Virus-Vektoren, mit dem sich Fremd-DNA in Säugetierzellen einschleusen lässt. Das Virus lässt sich beispielsweise in Nierenzellkulturen von Affen vermehren.

Vektoren für Pflanzen

Die meisten Klonierungsvektoren für Pflanzen basieren auf einem Plasmid aus dem Bodenbakterium Agrobacterium tumefaciens, das bei Pflanzen die Bildung von Tumoren (Wurzelhalsgallen) auslöst (S. 49). Das für die Gallenbildung verantwortliche Ti-Plasmid integriert sich teilweise in die chromosomale DNA der befallenen Pflanzenzellen. Den integrierbaren Teil des Ti-Plasmids nennt man T-DNA (Transfer-DNA).

Baut man Fremdgene in den Bereich der T-DNA ein, entsteht ein Klonierungsvektor, der gezielt in Pflanzengenome eingeschleust werden kann. Werden Ti-Plasmide zum Gentransfer eingesetzt, entfernt man zuvor die Eigenschaften zur Tumorbildung.

Shuttle-Vektoren

Die einzigen echten Plasmide bei Eukaryoten kennt man von der zu den Schimmelpilzen zählenden Hefe. Durch Neukombination dieser Plasmid-DNA erhielt man sog. Shuttle-Vektoren, die sich sowohl im Bakterium Escherichia coli als auch im Hefepilz Saccharomyces cerevisiae vermehren lassen. Da beispielsweise das Arbeiten mit dem Affen-Virus SV40 als Vektor zur Übertragung von Fremd-DNA in Säugetierzellen teuer und zeitaufwändig ist, wurde dieser Vektor so verändert, dass er als Shuttle-Vektor sowohl in Affen- als auch Bakterienzellen vermehrbar ist. Man kloniert daher eine große Zahl der Vektoren zunächst in Bakterienzellen, um anschließend Fremd-DNA in Säugerzellen einschleusen zu können.

YAC – ein künstliches Chromosom als Vektor

Das künstliche Hefechromosom YAC (Yeast Artificial Chromosom) lässt sich als Vektor für Gene mit besonders langer Nukleotidsequenz einsetzen, die aufgrund ihrer Länge in Plasmiden oder Phagen nicht vermehrt werden können. Es besitzt ein Zentromer, mindestens einen Replikationsstartpunkt sowie wenige Markergene zu seiner Identifizierung und ist somit gewissermaßen ein Mini-Chromosom. Mit einem YAC lassen sich beispielsweise menschliche DNA-Fragmente in Hefezellen vermehren.

4. Physikalische Methoden des Gentransfers

Mit einer Reihe von Methoden können Zellen so behandelt werden, dass die Durchlässigkeit (Permeabilität) ihrer Zellmembran erhöht wird. Sie können dann unverpackte DNA direkt aufnehmen.

Beim *Gentransfer durch Liposomen* wird die DNA in Fettkügelchen (Lipidvesikel) verpackt. Die Vesikel verschmelzen mit der chemisch ähnlichen Zellmembran und die DNA gelangt ins Zellinnere.

Beim sog. *biolistischen Gentransfer*, den man auch als *Genkanone* bezeichnet, werden Gold- oder Wolframpartikel mit DNA beschichtet und mit hoher Geschwindigkeit auf Zellen geschossen. Die Partikel durchdringen die Membran, wodurch die DNA ins Zellinnere gelangt. Die DNA-Fragmente lösen sich in der Zelle von ihrem Trägermedium ab und werden zum Teil in das Genom eingebaut. Die Verletzung der

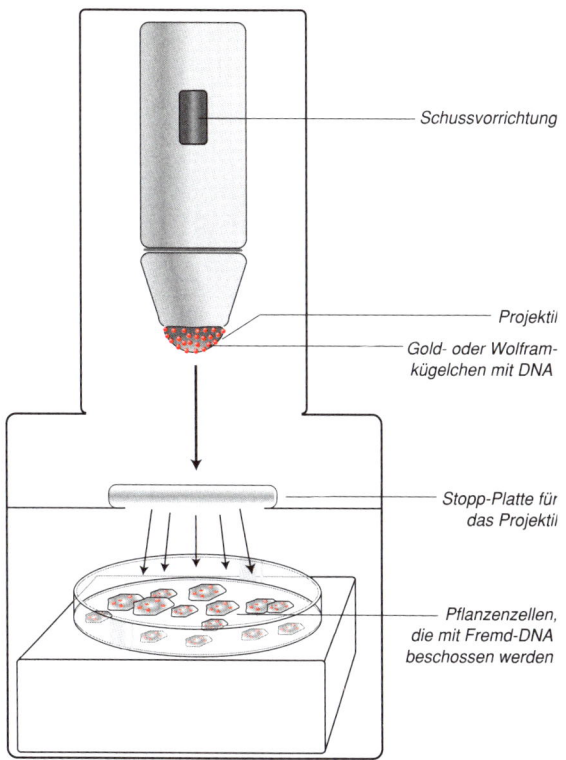

Schussvorrichtung

Projektil

Gold- oder Wolfram-
kügelchen mit DNA

Stopp-Platte für
das Projektil

Pflanzenzellen,
die mit Fremd-DNA
beschossen werden

Biolistischer Gentransfer

Zelle ist dabei so gering, dass diese sich regenerieren kann.
Häufig werden Sorten von Kulturpflanzen mit biolistischem
Gentransfer verändert.

Das sicherste Verfahren des Gentransfers ist die *Mikroinjektion*, bei der die DNA mit feinsten Glaskapillaren unter dem
Mikroskop direkt in die Zelle eingebracht wird. Dieses Ver-

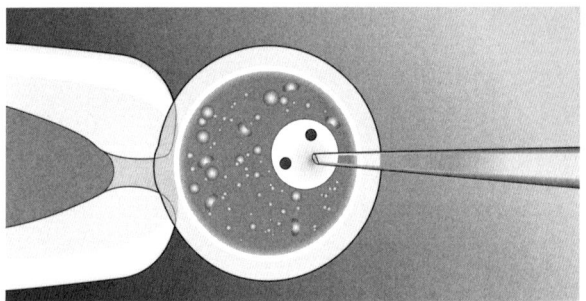

Mikroinjektion

fahren wendet man insbesondere bei der Zucht transgener Tiere an (S. 80).

Gefragt sind heute Methoden, mit denen sich Gene gezielt einschleusen lassen, ohne dass in den transgenen Zellen Markergene vorhanden bleiben. Markergene könnten die Sicherheit des transgenen Lebewesens beeinträchtigen. Das direkte Einführen neuer Gene durch Mikroinjektion mit feinsten Kanülen wäre die eleganteste Methode einer neuen Präzisions-Gentechnik. Damit dies aber sicher funktioniert, ist noch viel Forschungs- und Entwicklungsarbeit nötig.

In der praktischen Gentechnik ist es bis jetzt noch völlig unmöglich, Gene dort zu verändern, wo sie sich natürlicherweise befinden. Ziel der Forschung ist der direkte Zugriff zur gezielten Veränderung der Gene eines Lebewesens, die sog. *In-situ-Modifikation.*

V Transgene Lebewesen

1. Transgenität

Organismen, in deren Erbgut ein (oder mehrere) nicht von ihrer Art stammendes Gen eingeschleust wurde, bezeichnet man als transgene Lebewesen. Prinzipiell kann jede Zelle gentechnisch zu einer transgenen verändert werden. Transgene Lebewesen werden für genetische, biomedizinische und züchterische Grundlagenforschung erzeugt. Neben der pharmazeutischen Produktion medizinischer Stoffe besteht eine wirtschaftlich bedeutsame Anwendung der Transgenität in der Schädlingsabwehr.

Als natürliches Phänomen gibt es Transgenität bei Bakterien als Transformation und Konjugation (S. 47), bei Viren als Transduktion (S. 50). Das Bodenbakterium Agrobacterium tumefaciens überschreitet dabei die Grenzen der Organismenreiche und überträgt eigene Gene mit Hilfe von Plasmiden in das Genom höherer Pflanzen (S. 49).

2. Transgene Mikroorganismen

Hormone, Impfstoffe oder Enzyme lassen sich gentechnisch in Bakterien herstellen. Dazu werden die Bakterien mit einem Expressionsvektor für das gewünschte Genprodukt versehen und in sog. Fermentern in großer Zahl vermehrt.

Sind genügend Genprodukte gebildet, werden die Bakterien aufgebrochen. Das Produkt wird von den Zellbestandteilen getrennt, gereinigt und zum Endprodukt weiterverarbeitet. Auf diese Weise gelingt beispielsweise die Produktion von menschlichem Insulin, die Herstellung eines Impfstoffes ge- ▶ S. 76

Gentechnische Herstellung von Humaninsulin

Bei Zuckerkrankheit (Diabetes mellitus) muss das Hormon Insulin zugeführt werden. Rund 95 % des Arzneimittels Insulin wird heute gentechnisch hergestellt. Humaninsulin besteht aus zwei verbundenen Peptidketten (A- und B-Kette), die aus 51 Aminosäuren gebildet werden. Seit längerem kennt man die Aminosäurensequenz dieses relativ kurzen Proteins. Der DNA-Abschnitt, der es codiert, kann heute chemisch aufgebaut werden. Dazu wird für jede Peptidkette ein Gen konstruiert, das jeweils in ein Plasmid aus Escherichia coli eingebaut wird.

Vektoren mit Fremdgen

Plasmide aus Escherichia coli mit eingebautem menschlichem Insulingen

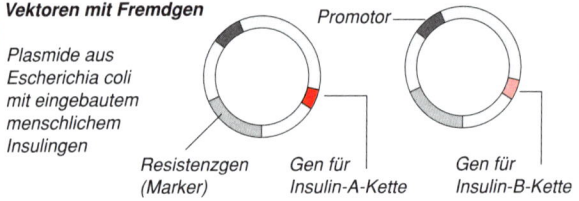

Promotor

Resistenzgen (Marker)

Gen für Insulin-A-Kette

Gen für Insulin-B-Kette

Vor dem Einsatz zur Insulinproduktion entfernt man hier diejenigen DNA-Sequenzen, die für die Übertragung der Plasmide auf andere Bakterien nötig sind. So schließt man die Weitergabe an andere Organismen aus (Sicherheitsvektoren).

Transgene Wirtszellen

Einschleusen der neu kombinierten Plasmide in plasmidfreie E.-coli-Zellen

 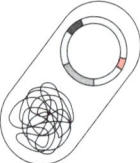

Die beiden genetisch veränderten Bakterien werden in getrennten Kulturen vermehrt. Anschließend isoliert man die beiden neu gebildeten Peptidketten (Genprodukte) aus den Bakterienzellen.

Kolben mit transgenen Bakterien

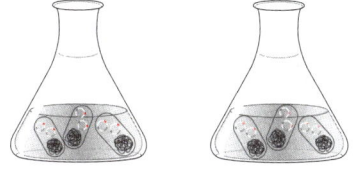

Vermehrung und Proteinbiosynthese, Tests auf Verträglichkeit

Biofermenter

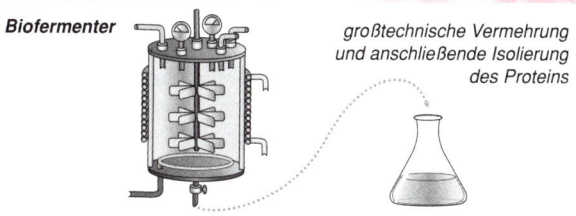

großtechnische Vermehrung und anschließende Isolierung des Proteins

Nun werden die Peptidketten chemisch so behandelt, dass sie sich zu funktionsfähigem Humaninsulin zusammenlagern.

Endprodukte

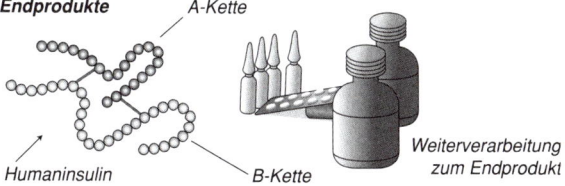

A-Kette

Humaninsulin

B-Kette

Weiterverarbeitung zum Endprodukt

Statt Bakterien setzt man für die Insulinproduktion immer häufiger Hefepilze ein, denn sie geben das gebildete Protein direkt an das Kulturmedium ab. So muss es nicht – wie bei Bakterien – aufwändig aus der Zelle isoliert werden.

gen infektiöse Gelbsucht (Hepatits B) oder die Bildung von Somatostatin, einem Hormon, das die Ausschüttung des Wachstumshormons Somatotropin in der Hypophyse hemmt und bei menschlichem Riesenwuchs therapeutisch eingesetzt wird.

3. Transgene Pflanzen

Meist wird zur Bildung transgener Pflanzen der Vektor Agrobacterium tumefaciens gewählt (S. 49). Man gewinnt Wildtyp-Plasmide aus dem Bodenbakterium, entfernt die tumorinduzierenden Gene und setzt Fremd-DNA ein. Dann wird das neu kombinierte Plasmid in eine Pflanzenzelle eingeschleust. Dazu verwendet man junge Pflanzenzellen, bei denen die Zellwand enzymatisch entfernt wurde, sog. Protoplasten.

Unter bestimmten Bedingungen wachsen die Protoplasten zu ganzen Pflanzen heran, deren Zellen in ihrem Genom alle das Fremdgen tragen. Auf diese Weise können bespielsweise Resistenzgene gegen Schädlinge oder ungünstige Klimabedingungen in Pflanzen übertragen werden. Möglich ist auch ein Transfer von Genen zur Erhöhung der Fotosyntheseleistung, zur Bindung des Luftstickstoffes als Eigendüngung oder zur Bildung bestimmter essenzieller Aminosäuren für die menschliche Ernährung.

Möglichkeiten des Gentransfers bei Pflanzen

Eine wesentliche Beschränkung für Agrobacterium tumefaciens als Genfähre liegt darin, dass es nur zweikeimblättrige Pflanzen infizieren kann, nicht aber einkeimblättrige, zu denen alle Getreidearten gehören. Hier greift man auf weitere Methoden des Gentransfers zurück: Beim *direkten Gentransfer* behandelt man Protoplasten mit Polyethylenglykol oder man perforiert die Zellmembran der Protoplasten mit kurzen elektischen Impulsen, damit sie die Fremd-DNA aufnehmen. Mit diesen Methoden können insbesondere Reis- und Maisgene übertragen werden.

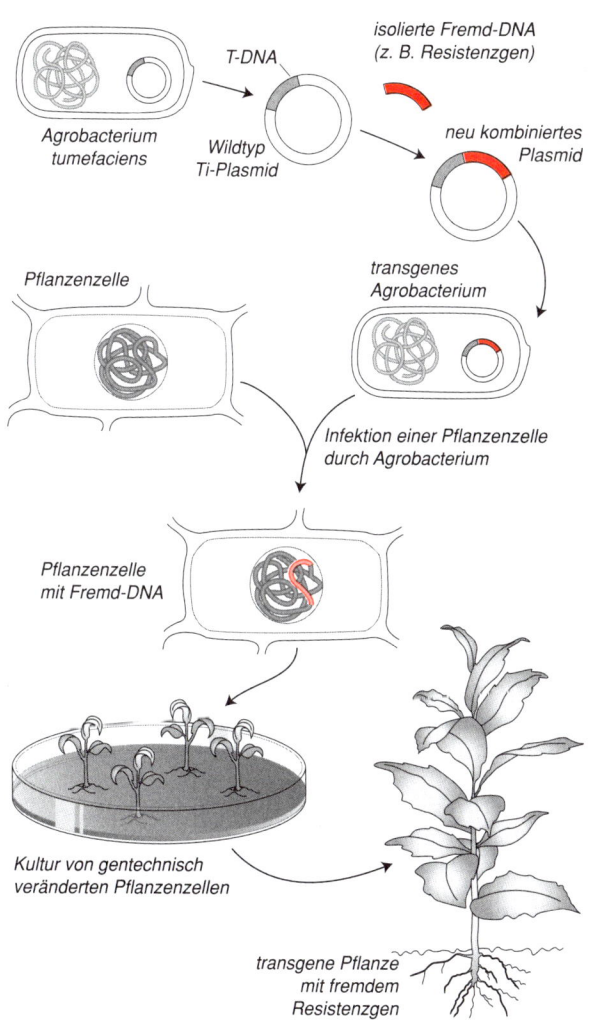

isolierte Fremd-DNA
(z. B. Resistenzgen)

T-DNA

Agrobacterium tumefaciens

Wildtyp Ti-Plasmid

neu kombiniertes Plasmid

Pflanzenzelle

transgenes Agrobacterium

Infektion einer Pflanzenzelle durch Agrobacterium

Pflanzenzelle mit Fremd-DNA

Kultur von gentechnisch veränderten Pflanzenzellen

transgene Pflanze mit fremdem Resistenzgen

Genübertragung mit Agrobacterium tumefaciens

Eine besondere Hürde bei der Protoplastentechnik stellt die Tatsache dar, dass die Regeneration ganzer Pflanzen hier nur bei wenigen Arten gegeben ist. Durch den sog. *biolistischen Gentransfer* (S. 71) können auch Zellkerne intakter Gewebe mit Fremd-DNA beschickt und dann zu neuen Pflanzen herangezogen werden.

Fallbeispiele: Schädlingsresistenz und Herbizidtoleranz

Ein besonderer Schwerpunkt der Arbeiten mit transgenen Nutzpflanzen liegt in der Züchtung von Resistenzen gegen verschiedenste Pflanzenschädlinge. Zur Erzeugung von Virus-Resistenz führt man ein virales Hüllprotein-Gen in das Pflanzengenom ein. Das von den transgenen Pflanzen gebildete Hüllprotein verzögert die Vermehrung der Viren nach einer Infektion.

Mit der Genexpression verschiedener Kristallproteine hat man bei transgenen Nutzpflanzen ähnliche Resistenzen gegen Insekten, Pilze und Bakterien erzeugt.

Gezüchtet werden auch transgene Nutzpflanzen (z. B. Baumwolle), die bestimmte Mittel zur Unkrautvernichtung (Herbizide) bis zu einer gewissen Konzentration tolerieren. Im Unterschied zu den Unkräutern können diese Nutzpflanzen die Wirkstoffe der Chemikalien in ihrem Stoffwechsel verändern und dadurch inaktivieren.

Fallbeispiel: Genblockade durch ein Antisense-Gen

Bei reifen Tomaten sorgt das Enzym Pektinase für den Abbau der Zellwände. Als Folge werden die Tomaten „matschig". Damit die Früchte ansehnlich auf den Markt kommen, werden sie oft grün geerntet, haben aber zu diesem Zeitpunkt noch nicht ihr volles Aroma entwickelt.

Ein eingeschleustes sog. Antisense-Gen verhindert die Expression von Pektinase, die Tomaten können am Strauch reifen und haben dennoch eine lange Haltbarkeit.

Hier wird das Gen für Pektinase in umgekehrter Richtung in ein Plasmid eingebaut (Antisense-Gen) und anschließend von Agrobacterium tumefaciens in Tomatenzellen eingebracht. Die daraus gezogenen Tomatenpflanzen bilden bei der Transkription einen nichtkodierenden mRNA-Strang (Antisense-Strang), der komplementär zur Pektina-

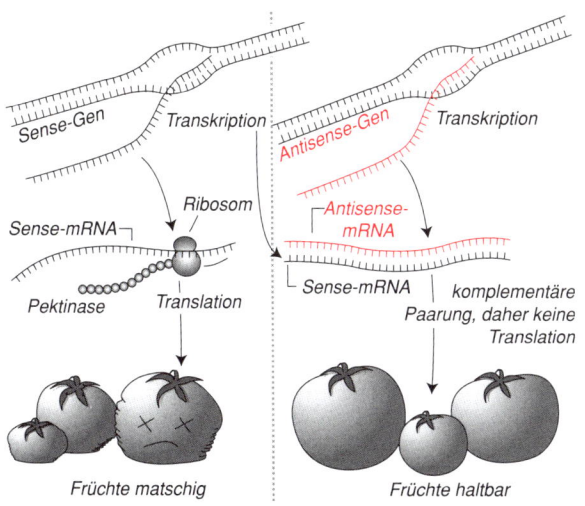

Genblockade durch ein Antisense-Gen

se-mRNA ist. Beide lagern sich zusammen und die Translation des Enzyms wird blockiert. Solche „Antimatschtomaten" wurden 1994 in den USA unter dem Namen Flavr-Savr-Tomaten als erste gentechnisch veränderte Pflanzen für den menschlichen Verzehr zugelassen. Der Markenname Flavr Savr bedeutet so viel wie „Geschmacksretter".

4. Transgene Tiere

Insbesondere in der biomedizinischen und genetischen Grundlagenforschung spielen transgene Tiere eine wichtige Rolle. An ihnen lassen sich bestimmte Genfunktionen und Krankheitsmechanismen erforschen. Mit Hilfe transgener Tiere können auch menschliche Erkrankungen simuliert und so Ansätze zu einer Gentherapie eröffnet werden. In der Züchtungsforschung liegen die Haupteinsatzgebiete neben einer Ertragssteigerung bei Nutztieren insbesondere in der

Produktion biomedizinisch wichtiger Stoffe. Darüber hinaus wird erforscht, ob tierische Gewebe und Organe für die Transplantationsmedizin verwendet werden können.

Möglichkeiten der Genübertragung bei Tieren

Bei der Erzeugung transgener Tiere unterscheidet man zwei verschiedene Techniken, das Gen-Knock-out-Verfahren und den sog. DNA-vermittelten Gentransfer. Beim Gentransfer werden Fremdgene dem Genom zugefügt, damit diese zusätzlich ausgeprägt werden. Beim Gen-Knock-out wird ein bestimmter DNA-Abschnitt inaktiviert, um die Wirkung einzelner Gene zu erforschen. Diese Methoden werden am Beispiel der Knock-out-Mäuse und der Onko-Mäuse erläutert (s. u.).

Damit nicht nur alle Körperzellen das Fremdgen tragen, sondern auch die Keimzellen, werden Fremdgene meist in befruchtete Eizellen oder in sehr frühe Embryostadien, in sog. embryonale Stammzellen, überführt.

Bei der einfachen Mikroinjektion von DNA (S. 72) sterben zahlreiche Eizellen und Keime ab. Die Methode erfordert daher eine große Zahl von Experimenten, denn es kann nicht vorherbestimmt werden, wo das Fremdgen in das Wirtsgenom eingebaut wird und in welcher Häufigkeit das geschieht. Zum Einführen fremder DNA in Tierzellen verwendet man daher auch die Infektion mit Virus-Vektoren.

Fallbeispiel: Transgene Knock-out-Mäuse

Bei der Verwendung embryonaler Stammzellen (ES-Zellen) der Maus, die man in einem sehr frühen Stadium der Trächtigkeit gewinnt, können bekannte Fremdgene zielgenau an eine definierte Stelle des Wirtsgenoms eingebaut werden (Gene Targeting). Das Fremdgen bekommt zuvor ein zusätzliches Markergen, das einen DNA-Abschnitt des Mausgenoms gezielt inaktiviert.

Im etwa drei Tage alten Blastocysten-Stadium ist der Embryo ein Zellhaufen von wenigen Dutzend Zellen, der einem Hohlraum bildet. Daraus entnimmt man ES-Zellen und verändert diese im Reagenzglas durch sog. homologe Rekom-

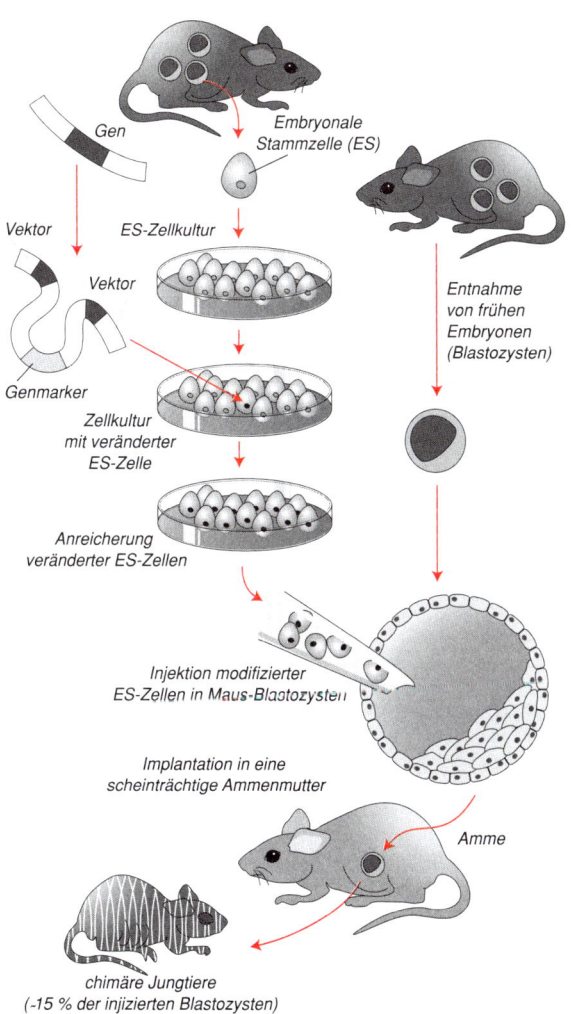

Gen

Embryonale
Stammzelle (ES)

Vektor

Vektor

ES-Zellkultur

Entnahme
von frühen
Embryonen
(Blastozysten)

Genmarker

Zellkultur
mit veränderter
ES-Zelle

Anreicherung
veränderter ES-Zellen

Injektion modifizierter
ES-Zellen in Maus-Blastozysten

Implantation in eine
scheinträchtige Ammenmutter

Amme

chimäre Jungtiere
(~15 % der injizierten Blastozysten)

Züchtung transgener Knock-out-Mäuse

bination. Darunter versteht man den reziproken Austausch von DNA-Stücken zwischen zwei DNA-Doppelstrangmolekülen, wie er aus der klassischen Genetik als Crossing-over bekannt ist (S. 46).

Das Fremdgen wird mit einem Vektor in eine ES-Zelle eingeschleust, wo es durch homologe Rekombination gegen das normale Gen ausgetauscht wird. So transformierte ES-Zellen bringt man wieder in die Maus-Blastocyste. Die Zellen der Blastozyste sind nun genetisch nicht mehr identisch. Nach Implantation der Blastocyste in eine Ammenmaus erhält man eine sog. Chimäre, die veränderte Gene in einem Teil ihrer Zellen trägt. Bei einigen chimären Nachkommen kann ein Teil der transgenen ES-Zellen zu Keimbahnzellen geworden sein, die das ausgeschaltete Gen tragen. Aus diesen Keimbahnzellen gehen dann transgene Eizellen oder Spermien hervor. Reinerbige Knock-out-Mäuse folgender Generationen zeigen in ihrem Phänotyp nun genau diejenigen Erscheinungen, die ein Ausfall des gezielt inaktivierten Gens bewirkt.

Mit dieser Methode des **Gen-Knock-out** kann prinzipiell jedes beliebige Gen ausgeschaltet und seine Wirkung bzw. die bestimmter Therapien und Medikamente erforscht werden.

Fallbeispiel: Transgene Onko-Mäuse

Ein Beispiel für **DNA-vermittelten Gentransfer** bei Tieren sind die sog. Onko-Mäuse. Um die Bedeutung krebsauslösender Gene zu erforschen, werden ihnen Krebsgene (Onkogene) übertragen, die für die Krebsentstehung beim Menschen verantwortlich sind.

Dazu entnimmt man einer weiblichen Maus mehrere Eizellen und befruchtet sie im Reagenzglas. Noch vor der Vereinigung des männlichen mit dem weiblichen Zellkern bringt man durch Mikroinjektion zahlreiche Kopien des Transgens in einen der beiden sog. Vorkerne (den männlichen oder den weiblichen). Nach der Kernverschmelzung werden die Zygoten in scheinträchtige Ammentiere überführt. Anschließend wird überprüft, welche Nachkommen das Transgen stabil eingebaut haben. Diese werden dann für weitere Untersuchungen eingesetzt. Mäuse dieses Stammes reagieren äußerst empfindlich auf krebserregende Stoffe

(Karzinogene) und bilden sehr früh Tumore aus. An ihnen können sämtliche Stoffe, die im Verdacht stehen, karzinogen zu sein, systematisch auf ihre Wirkung getestet werden.

Modellsysteme menschlicher Krankheiten

Die Transgentechnik ermöglicht es, Tiere zu erzeugen, die als Modellorganismen Gene für Krankheiten bzw. Prädispositionen zur Entwicklung bestimmter Krankheiten tragen. So dienen beispielsweise die Onko-Mäuse als Modellsysteme für die Erforschung der Ursachen von Krebserkrankungen. An transgenen Mäusen erforscht man heute außerdem Osteoporose, Herzinfarkt und Fettsucht.

Fallbeispiel: Rhesusaffe

Rhesusaffen sind in vielerlei Hinsicht weitaus bessere Modellorganismen zur Erforschung menschlicher Krankheiten als Mäuse, Schafe, Rinder oder Schweine. So sind beispielsweise rund 95 % der Gene von Rhesusaffe und Mensch identisch. Da das Gehirn von Affe und Mensch teilweise ähnlich gebaut ist, lassen sich auch degenerative Erkrankungen des Gehirns wie die Alzheimer- oder die Parkinson-Krankheit in gentechnisch veränderten Rhesusaffen simulieren. Mit dem Rhesusaffen Andi trägt seit Anfang 2001 erstmals ein Primat ein Fremdgen. Dieses wurde in Rhesusaffen-Eizellen eingeschleust, wonach sich der Embryo völlig normal entwickelte. Das Gen „GFP" bildet ein Eiweiß, das in Blaulicht aufleuchtet. Damit lassen sich veränderte Zellen leicht indentifizieren.

Xenotransplantation

Heute sind Transplantationen menschlicher Organe in vielen Fällen Routineoperationen. Allerdings besteht häufig ein Mangel an geeigneten Spenderorganen. Daher erforscht man die Möglichkeit, tierische Organe auf Menschen zu transplantieren. Eine Organübertragung über Artgrenzen hinweg bezeichnet man als Xenotransplantation. Schweine sind als Spendertiere besonders geeignet, da ihre Organe etwa gleich groß und ähnlich gebaut sind wie die des Menschen.

Ein Problem stellen hierbei die durch das menschliche Immunsystem ausgelösten heftigen Abstoßungsreaktionen dar. Verantwortlich hierfür sind proteinspaltende Enzyme des Immunsystems, die artfremde Membranproteine abbauen. Gelingt es, die Gene für diese Enzyme auszuschalten oder gar Gene in Schweinezellen einzuschleusen, die zur Bildung menschlicher Membranproteine führen, kann die Abstoßung unterbunden werden.

Zur Zeit kennt man noch kein geeignetes Klonierungsverfahren für transgene Schweinezellen, außerdem besteht die Gefahr, bei der Transplantation gefährliche Viren auf den Empfänger zu übertragen.

5. Gene Pharming

Pharming ist ein Kunstwort aus Pharmazie und Farming (Landwirtschaft). Gene Pharming bezeichnet die Arzneimittelherstellung mit Hilfe von Nutzpflanzen und Nutztieren. Im Blut, in der Milch oder in Geweben transgener landwirtschaftlicher Nutztiere und -pflanzen lassen sich menschliche Proteine herstellen, die in Mikroorganismen nicht oder nur unter hohem technischem Aufwand produziert werden können. Diese transgenen Tiere und Pflanzen sind von ihren normalen Artgenossen kaum zu unterscheiden.

Fallbeispiel: Antikörperbildung in transgenen Pflanzen
Die Erzeugung von reinen Antikörpern gegen Krankheitserreger in Säugetierzellen ist gegenwärtig sehr teuer und damit unwirtschaftlich. Pharmazeutisch interessant dagegen sind transgene Pflanzen, die das Potenzial zur Produktion von Säugetier-Proteinen besitzen.
So hat man beispielsweise Gene für die Bildung von Immunglobulinketten über Plasmide aus Agrobacterium tumefaciens in Tabakzellen eingeschleust. Aus den transformierten Zellen wurden ganze Tabakpflanzen regeneriert, in deren Blättern sich leichte und schwere Immunglobulinketten finden, die sich zu funktionsfähigen Antikörpern zusammensetzen können.

Noch erfolgreicher scheint die Perspektive, künftig Kartoffeln für die Gewinnung von Immunglobulinen einsetzen zu können. Kartoffeln sind leicht vegetativ zu vermehren und züchterisch über einen langen Zeitraum optimiert. Als Lieferanten essbarer Impfstoffe hätten sie den Vorteil, dass sie nur Proteine der Krankheitserreger enthalten, nicht aber deren Nukleinsäure, sodass es nicht zu einer versehentlichen Infektion mit der Krankheit kommen kann.

Das praktische Problem bei der Gewinnung von Impfstoffen aus Kartoffeln oder auch aus Bananen oder Spinat liegt in der Dosierung. Diese Nutzpflanzen müssten Impfstoffe in gleich bleibend hoher Konzentration produzieren, damit vernünftige Nahrungsmengen zur Immunisierung ausreichen. Hinzu kommt, dass der größte Teil im Magen und Darm zersetzt wird, sodass die Dosis rund hundertmal höher sein muss als bei einer Injektion.

Fallbeispiel: Proteine von transgenen Schweinen

Blutproteine zur Steuerung der Blutgerinnung bei thrombosegefährdeten Patienten wurden bisher durch ein aufwändiges Verfahren aus Spenderblut gewonnen. Auch die Herstellung über gentechnisch veränderte Bakterien ist aufwändig und kostspielig.

Inzwischen ist es gelungen, das Gen für die Bildung dieses Blutproteins aus dem Erbgut des Menschen mit dem Promotor für das Milchprotein Laktalbumin zu koppeln und in eine befruchtete Eizelle eines Schweins zu injizieren. Wächst die transgene Eizelle zu einer Sau heran, bildet diese nach dem ersten Wurf Milch, die das gewünschte Protein in ausreichender Menge enthält. Aus der Milch kann das benötigte Eiweiß relativ leicht isoliert werden.

Außer von Schweinen gewinnt man gegenwärtig therapeutisch wirksame menschliche Proteine aus der Milch von

- Mäusen (z.B. das Wachstumshormon Lysozym),
- Kaninchen (z.B. Interleukin zur Aktivierung der Zellen des Immunsystems),
- Ziegen (z.B. tPA, ein Enzym, das an der Auflösung von Blutgerinnseln beteiligt ist und zur Behandlung von Herzinfarktpatienten eingesetzt wird),
- Schafen (z.B. Blutgerinnungsfaktor IX) und

- *Rindern (z. B. Laktoferrin, ein in der Muttermilch vorkommendes Eisen bindendes Eiweiß zur besseren Milchverträglichkeit für Kleinkinder).*

Ziegen sind für die Produktion von Biopharmazeutika besonders geeignet. Zum einen haben sie eine kurze Generationszeit, zum anderen sind sie wesentlich weniger anfällig gegen Krankheiten als Rinder oder Schafe. Seit Mitte der 1980er-Jahre wird daher intensiv mit transgenen Ziegen gearbeitet.
Während in der Anfangsphase bei transgenen Tieren zahlreiche Nebenwirkungen auftraten (Riesenwuchs, Arthroseschweine), sind die transgenen Nutztiere heute von normalen Tieren nicht mehr zu unterscheiden.

VI Gentechnik in der Industrie

1. Pflanzenproduktion

Für die Erzeugung gentechnisch veränderter Nutzpflanzen hat sich in der Umgangssprache der Begriff *Grüne Gentechnik* eingebürgert -- im Gegensatz zur *Grauen Gentechnik* als Bezeichnung für das Arbeiten mit transgenen Mikroorganismen und *Roter Gentechnik* für die Forschung mit Erbmaterial von Tier und Mensch.

Die zukünftigen Anwendungsbereiche für die Grüne Gentechnik sind enorm groß. Für Pflanzenzüchter interessant ist die Verstärkung erwünschter Eigenschaften wie hoher Ertrag, geringe Verderblichkeit, Gehalt an Vitaminen oder essenziellen Aminosäuren und geschmackliche Qualität.

Wichtige Ziele sind außerdem die Optimierung der Fruchtbarkeit bei In-vitro-Vermehrung und eine höhere Widerstandsfähigkeit gegen Pilz-, Bakterien-, Insekten- oder Virusbefall. Ein weiterer wichtiger Anwendungsbereich Grüner Gentechik ist die Entwicklung von Pflanzen, die gegen Herbizide resistent sind und unempfindlicher gegen begrenzende Umweltfaktoren wie Kälte, Trockenheit oder Salzböden.

Wo man Nutzpflanzen mit gentechnisch veränderten Mikroorganismen behandelt, die als biologische Schädlingsbekämpfungsmittel oder zum Frostschutz dienen, überschneidet sich die Grüne mit der Grauen Gentechnik.

Mittlerweile werden bei den meisten Nutzpflanzen neben herkömmlichen Züchtungsmethoden auch gentechnische Verfahren eingesetzt. Allerdings gehen die neuen Eigenschaften bei den kommerziell angebauten transgenen Pflanzen fast ausschließlich auf jeweils nur ein Gen zurück. Wofür bestimmte Eigenschaften mehrere Gene zusammenwirken, wie beispielsweise bei Ertrag, Witterungsbeständigkeit oder Fixierung des Stickstoffs aus der Luft, sind viele molekulargenetische Vorgänge noch weitgehend ungeklärt.

Fallbeispiel: Bt-Mais – resistent gegen Maiszünsler

Mais ist mit einer weltweiten Ernte von rund 600 Millionen Tonnen nach Weizen und Reis die am dritthäufigsten angebaute Nutzpflanze. Der Maiszünsler, ein auf die Maispflanze spezialisierter Schmetterling, vernichtet rund 7 % der Welternte, in manchen Gebieten sogar bis zu 20 % der regionalen Ernte. Die Larven des Zünslers fressen sich zum Innern des Maisstängels durch, der daraufhin leicht abbricht. Zur Bekämpfung dieses Schädlings wurden Präparate des Bakteriums Bacillus thuringiensis (kurz: Bt) oder seiner Toxine eingesetzt, die für die Larven tödlich sind. Allerdings werden so nur rund 60 % der Zünsler-Population erreicht. Ist die Larve nämlich schon in den Stängel eingedrungen, bleibt der Einsatz des Präparates wirkungslos. Inzwischen gelang es, eine transgene Maispflanze zu entwickeln, die das Gen zur Synthese des Bacillus-thuringiensis-Giftes trägt. Diese Pflanze produziert nun selbst das Bt-Eiweiß, das im Darm der Larven folgenden Prozess auslöst: Das Bt-Eiweiß reagiert mit bestimmten Enzymen, sodass Zwischenprodukte entstehen, die ihrerseits mit spezifischen Rezeptoren Reaktionen eingehen und schließlich bei den Larven eine Fresslähmung hervorrufen. Die Wirkung des Bt-Eiweißes beruht also auf einer Kombination von Stoffen, die so nur in bestimmten Falterlarven vorkommen. Es ist damit für andere Insekten und auch für den Menschen ungefährlich.

Fallbeispiel: Virusresistenz bei der Zuckerrübe

Zuckerrüben zählen zu den wichtigsten Erzeugnissen im Ackerbau. Durch das Rizomania-Virus, das bei Pilzbefall leicht in die Zellen eindringt, entstehen regional Ernteverluste von bis zu 50 %. Um den Befall durch Rizomania-Viren zu verhindern, wird in die Rüben ein Gen des Virus eingeschleust. Dabei handelt es sich um das Gen für das Hüll-

protein des Virus, das nun von den transgenen Rübenzellen selbst hergestellt wird. Durch die Bildung des Hüllproteins ist die befallene Zelle so überlastet, dass sie bei einer Virusinfektion nicht in der Lage ist, die Viren zu vermehren. Sie schützt sich also gewissermaßen selbst vor der Viruserkrankung.

Bei der Zuckergewinnung werden zugeführte DNA und Eiweiße einschließlich des Hüllproteins entfernt. Gegenwärtig befinden sich die gentechnisch hergestellten Rizomania-resistenten Zuckerrübensorten noch im Prüfverfahren auf Anbaueignung. Denn zwei Probleme bleiben bestehen: In den Zellen wird zuckerrübenfremdes Eiweiß hergestellt und damit ist die Erbinformation für einen wesentlichen Bestandteil zur Bildung eines Virus in der Wirtszelle vorhanden. Hierdurch kann die Möglichkeit zur Entstehung neuer Viren eventuell begünstigt werden.

Fallbeispiel: Vitamin-A-Reis

Mehrere hundert Millionen Menschen leiden weltweit an Unterversorgung mit Vitamin A. Jährlich sterben mehr als eine Million Kleinkinder unter fünf Jahren aufgrund einer Vitamin-A-Mangelernährung, bei vielen bewirkt der Mangel Sehstörungen, die bis zur Blindheit führen können. In Asien ist Reis das Hauptnahrungsmittel, hier werden über 90 % der Welterträge geerntet. Da vor allem geschälter Reis gegessen wird, der kein Vitamin A enthält, treten hier gehäuft Vitamin-A-Mangelerscheinungen auf. Neben dem Ziel, mehr Reis auf weniger Land mit weniger Wasser und Chemie zu produzieren, bemühen sich Gentechniker daher um die Entwicklung von vitaminreicheren Reissorten. Eine neue transgene Reissorte enthält nun ein Gen, das für die Bildung von ß-Carotin, der Vorstufe von Vitamin A, sorgt. Mit einer Menge von 300 g des sog. Goldenen-Gen-Reises könnte der Tagesbedarf an Vitamin A gedeckt werden. Zur Entwicklung dieser Reispflanze wurden unter anderem Gene aus Narzissen und Erwinia-Bakterien über Plasmide von Agrobacterium tumefaciens in Reiskeimlinge eingeschleust. Die veränderte Sorte mit der „Anweisung" zur Produktion von ß-Carotin wurde anschließend mit lokalen Reissorten gekreuzt, um sie an die klimatischen Verhältnisse der Anbauregion anzupassen.

▷ S. 92

Grüne Gentechnik

Grüne Gentechnik

Unsere Kulturpflanzen wie Reis, Weizen oder Mais sind das Ergebnis jahrtausendealter Züchtungen. Das Ziel war dabei stets, besonders ertragreiche Nutzpflanzen zu züchten. Als *Grüne Gentechnik* bezeichnet man heute gentechnische Forschung und Züchtung, die das Ziel verfolgt, Pflanzen mit erhöhter Widerstandsfähigkeit gegen Schädlinge oder Herbizide, aber auch gegen Trockenheit oder Kälte zu erhalten. Bei dieser modernen Form der Ertragssteigerung muss besonders auf die Schonung der Umwelt geachtet werden.

Beispiel Bt-Mais

Die Larven des Maiszünslers (Ostrinia nubilalis) fressen sich zum Innern des Maisstängels durch, der daraufhin leicht abbricht. Rund 7 % der Welternte werden auf diese Weise vernichtet. Der *Bt-Mais* ist eine transgene Maispflanze, die das Gen zur Synthese eines Proteins trägt, das für die Larven tödlich ist. Die spezifische Wirkung des Bt-Eiweißes beruht auf einer Kombination von Stoffwechselprodukten, die so nur in bestimmten Falterlarven vorkommen. Es ist damit für andere Insekten und auch für den Menschen ungefährlich.

Transgene Pflanzen auf dem Weltmarkt

Auf dem europäischen Markt sind bisher nur wenige gentechnisch veränderte Pflanzen zugelassen. In großem Umfang wird lediglich Sojamehl und Sojaöl aus herbizidresistenten Kulturen importiert und verarbeitet.

Sojabohnen zeichnen sich durch einen besonders hohen Eiweißgehalt von bis zu 40 % aus, wobei der große Anteil essenzieller Aminosäuren für die menschliche Ernährung besonders interessant ist. Während die Sojabohne in Amerika und Asien ein Grundnahrungsmittel ist, wird bei uns Sojaeiweiß überwiegend als Tierfutter verwendet. Lediglich der Ölanteil wird auch hier in größerem Maße für die menschliche Ernährung genutzt.

In den USA wird eine transgene herbizidtolerante Sojasorte auf mehreren Millionen Hektar Ackerland angebaut. Eine andere Sorte, die ein Gen aus der Paranuss zur Anreicherung der essenziellen Aminosäure Methionin trug, wurde wieder zurückgezogen, nachdem der Verdacht aufkam, dass sie bei Nuss-Allergikern allergische Reaktionen hervorruft.

In unverarbeiteten Sojabohnen ist die neu eingefügte DNA ebenso wie das Genprodukt, das neue Eiweiß, nachweisbar. Dieses Soja muss gekennzeichnet werden. In sehr geringen, nicht kennzeichnungspflichtigen Mengen (S. 95) taucht Soja aber in zahlreichen Nahrungsmitteln auf. Kekse, Nudeln, Margarine oder Babynahrung enthalten Soja ebenso wie Instantsuppen oder bestimmte Cremes gegen Hautalterung.

Beim Verarbeitungsprozess wird das Eiweiß durch Hitzedenaturierung vollständig verändert und auch das Öl kann aufgrund hoher Verarbeitungstemperaturen als protein- und DNA-frei gelten. Selbst wenn sich durch immer feinere Analysemethoden Mengen von gentechnisch veränderter DNA im Spurenbereich nachweisen lassen, sind diese für das Auslösen von Allergien oder anderen Komplikationen zu gering. Weltweit nimmt der kommerzielle Anbau gentechnisch veränderter Pflanzen in großem Maße zu.

Neben Sojabohnen gehören Baumwolle, Mais, Raps und Kartoffeln zu den wichtigsten transgenen Kulturen.

2. Tierzucht

Bei der Züchtung von Nutztieren, deren Genom verändert wurde, um Krankheitsresistenz, Wachstum oder bestimmte Stoffwechselwege zu beeinflussen, ist außer bei Fischen in absehbarer Zeit nicht mit marktreifen Ergebnissen zu rechnen.

Hiervon zu trennen ist die Behandlung oder Fütterung von Nutztieren mit Produkten, die gentechnisch produziert werden. So bekommen Masttiere schon heute Phytase, einen gentechnisch hergestellten Futterzusatz gegen Mangelerscheinungen, und gentechnisch produzierte Lebendimpfstoffe. Während in der EU das Rinderwachstumshormon rBST im Gegensatz zu den USA nicht zugelassen ist, darf auch bei uns das gentechnisch hergestellte Wachstumshormon Somatosalm in der Lachszucht eingesetzt werden.

Gegenwärtig befindet sich die Züchtung transgener Lachse im Versuchsstadium. Hier sollen durch ein artfremdes Wachstumsgen größere und schneller heranwachsende Fische erzeugt werden. Forschungsgebiete für die Züchtung gentechnisch veränderter Nutztiere sind unter anderem auch Hühner, die cholesterinarme Eier legen, und krankheitsresistente Schweine.

Bei der Erzeugung transgener Nutztiere kommt gegenüber Pflanzen eine zusätzliche ethische Dimension hinzu, denn Nutztiere sind bei uns laut Gesetz der sittlichen Verantwortung des Menschen anheim gestellt.

3. Gentechnik in der Lebensmittelherstellung

Durch sog. Fermentation werden Lebensmittel mikrobiologisch-enzymatisch verändert. Diese althergebrachte biotechnologische Methode trägt in der heutigen industriellen Fertigung dazu bei, dass Produkte mit gleichmäßig hoher Qualität und optimierten Verfahren hergestellt werden können. Längst gibt es für die Herstellung von fermentierten Molkereiprodukten, von Bier, Wein oder Wurstwaren eine Vielzahl reingezüchteter Kulturen von Mikroorganismen.

Ziel der Gentechnik in diesem Bereich ist eine Optimierung der Herstellung bzw. der Ersatz bisheriger Produkte und Verfahren. Gentechnisch veränderte Mikroorganismen werden zur Gewinnung von Enzymen und Zusatzstoffen, als Starterkulturen im Braugewerbe sowie in der Fleisch- und Milchverarbeitung eingesetzt. Gentechnisch produzierte Lebensmittelzusatzstoffe werden auch zur Geschmacksveränderung, zur ernährungsphysiologischen Aufwertung und zum Schutz vor Verderb oder Krankheitserregern eingesetzt. Die aus transgenen Mikroorganismen gewonnenen Produkte sind in der Regel mit den traditionellen Produkten identisch.

Fallbeispiel: Käse
Herkömmlicherweise wird Milch bei der Käseherstellung durch Labferment aus Kälbermägen zur Gerinnung gebracht. Der enzymatisch aktive Teil des Labferments ist das Chymosin. Die weltweit produzierte Käsemenge ist aber so groß, dass nicht ausreichend Labferment aus Kälbermägen zur Verfügung steht. Als Ersatz werden heute synthetische Produkte und gentechnisch hergestelltes Chymosin verwendet. Das Ursprungsgen, das von verschiedenen Firmen in Bakterien, Hefen und Schimmelpilze eingeschleust wurde, stammt aus dem Erbgut des Rindes. Das gentechnisch gewonnene Chyosin ist deutlich reiner als das aus Kälbermägen.

Novel Food

Während in der Öffentlichkeit „Novel Food" gleich gesetzt wird mit Lebensmitteln, die gentechnisch veränderte Organismen enthalten oder selbst das Ergebnis einer gentechnischen Veränderung sind, geht die Novel-Food-Verordnung der EU viel weiter. Sie schließt auch Lebensmittel und Lebensmittelzutaten ein, die bisher im Bereich der EU noch nicht in nennenswertem Umfang für den menschlichen Verzehr verwendet wurden.

Nach der Novel-Food-Verordnung sind bestimmte neuartige Lebensmittel genehmigungspflichtig. Beim Zulassungsverfahren muss nachgewiesen werden, dass das Produkt gesundheitlich ebenso unbedenklich ist wie vergleichbare konventionelle Erzeugnisse, und auch die Umweltverträglichkeit wird geprüft. Unter die Novel-Food-Verordnung der EU fallen Lebensmittel und -zutaten, die

- gentechnisch verändert wurden (z. B. Joghurt mit lebenden transgenen Bakterienkulturen oder die Flavr-Savr-Tomate),
- eine neue oder veränderte Molekülstruktur besitzen,
- aus Mikroorganismen, Pilzen oder Algen bestehen,
- mit nicht herkömmlichen Zucht-, Vermehrungs- oder Produktionsmethoden gewonnen wurden
- oder in unserem Kulturkreis bisher nicht vorkommen (wie z. B. aus Algen hergestellte Nahrungsmittel).

Das Recht der Verbraucher

Für gentechnisch beeinflusste Nahrungsmitteln gelten bestimmte Zulassungsvoraussetzungen: Diese Nahrungsmittel dürfen nachweislich keinesfalls der Gesundheit der Verbraucher schaden. Bei der landwirtschaftlichen Produktion muss die Beeinträchtigung der natürlichen Lebensgrundlagen so gering wie möglich sein, wobei insbesondere auf den Erhalt größtmöglicher genetischer Vielfalt zu achten ist.

Eine besondere Kennzeichnungspflicht soll Verbrauchern die Möglichkeit geben, sich für oder gegen gentechnisch veränderte Lebensmittel zu entscheiden. Laut EU-Verordnung muss ein Produkt, bei dem mehr als 1 % der enthaltenen DNA gentechnisch verändert ist, als solches gekennzeichnet werden. Damit ist weder Sojaöl noch Zucker aus transgenen Sorten kennzeichnungspflichtig, denn hier lässt sich keine gentechnisch veränderte DNA nachweisen.

Darüber hinaus räumt die EU-Verordnung den Lebensmittelerzeugern die Etikettierungsmöglichkeit „Ohne Gentechnik" ein. Hierfür muss der Hersteller lückenlos nachweisen, dass das Lebensmittel vom Rohstoff bis zum Endprodukt in keinem Produktionsschritt mit Gentechnik in Berührung gekommen ist. Dies ist in der Praxis vielfach kaum möglich.

Allergien

Allergien werden häufig durch Proteine ausgelöst. Die gentechnische Lebensmittelproduktion führt zu einem verstärkten Einsatz von verschiedenartigen neuen Proteinen, meist in der Funktion von Enzymen. Das allergene Risiko, das von diesen Proteinen ausgeht, ist schwer abzuschätzen. Auf jeden Fall kommt es zu einer wachsenden Grundbelastung bei Menschen, die für Allergien anfällig sind. Andererseits ermöglicht gerade die Gentechnik, die Bildung allergieauslösender Stoffe in Nahrungspflanzen zu unterbinden.

4. Neue Wirkstoffe als Arzneimittel

Nachdem 1978 Insulin erstmals gentechnisch in Escherichia coli hergestellt wurde (S. 74/75), hat man mehr als 300 verschiedene Gene für Proteine kloniert, die möglicherweise als Heilmittel Verwendung finden werden. Dazu zählen beispielsweise das Interferon, das bei bestimmten Krebserkrankungen eingesetzt wird, Wachstums- und Blutgerinnungsfaktoren oder auch Impfstoffe gegen Hepatitis B und Polio. Mit Hilfe der Gentechnik können heute körpereigene Eiweißstoffe mit schwerzstillender Wirkung (Endorphine) gewonnen und in der Schmerzbehandlung eingesetzt werden.

Auch die Diagnosemöglichkeiten wurden durch gentechnische Verfahren stark erweitert. Gerade in der Pharmazie weist die Gentechnik gegenwärtig die größten kommerziellen Erfolge auf. Schließlich musste man bisher die Proteine für therapeutische Zwecke aufwändig und teuer aus tierischen und menschlichen Geweben gewinnen.

Gentechnisch erzeugte Impfstoffe besitzen dabei folgende Vorteile: Es lassen sich von harmlosen Mikroorganismen ausschließlich die zur Immunisierung notwendigen Bestandteile (Antigene) herstellen, sodass die Nebenwirkungen der Impfung minimiert sind. Zudem besteht für das ärztliche Personal nun keine Ansteckungsgefahr mehr, da der Impfstoff keine infektiösen Bestandteile enthält.

Handelsname	Wirkstoff / Funktion	Indikation	seit
Humulin®	Insulin / Senkung des Blutzuckerspiegels	Diabetes mellitus	1982
Protropin®	Wachstumshormon / Bildung wachstumsfördernder Substanzen	Kleinwuchs	1985
Actilyse®	Plasminogenaktivator / Auflösung von Blutgerinnseln	akuter Herzinfarkt	1987
Rekombivax®	Hepatitis-B-Antigen / aktive Immunisierung gegen Hepatitis B	Hepatitis-B-infektion	1988
Proleukin®	Interleukin 2 / Aktivierung von Zellen des Immunsystems	Nierenkarzinom	1989
Epogin®	Erythropoietin / Bildung roter Blutkörperchen	Anämie	1990
Kogenate®	Blutgerinnungsfaktor VIII / Aktivierung der Blutgerinnung	Hämophilie A	1993
Pulmozyme®	Desoxyribonuclease / Spaltung von DNA	Mukoviszidose	1994
Revasc®	Hinrudin / Hemmung der Fibrin-Bildung	Thrombose-Prophylaxe	1997
Mabthera®	monoklonaler Antikörper / Zerstörung maligner B-Lymphocyten	Lymphkrebs	1998
Enbrel®	TNF-Rezeptor / kompetitive Hemmung des TNF-Rezeptors	rheumatoide Arthritis	2000

Beispiele gentechnisch hergestellter Arzneimittel

Testmodelle für Arzneimittel

Für zahlreiche Krankheiten wie Arteriosklerose, Diabetes, Herzrhythmusstörungen, Alzheimer-Erkrankung oder Asthma gibt es keine an den Ursachen ansetzende Therapie. Inzwischen kann man aber zahlreiche Gene und Schlüsselmoleküle, die Erkrankungen verursachen, isolieren und an ihnen Substanzen auf ihre Wirksamkeit hin testen. Unter Drug design versteht man die Entwicklung völlig neuer Wirkstoffe, die in ihrem Bau der molekularen Struktur ihrer Angriffsorte entsprechen. Damit lassen sich nun effektive nebenwirkungsarme Medikamente entwickeln.

Fallbeispiel: Blutgerinnungsfaktor VIII

An der Blutgerinnung zum Wundverschluss sind zahlreiche Gene beteiligt. Bei Bluterkranken fehlt einer der vielen Stoffe, die zur Thrombinbildung nötig sind. Bei der Bluterkrankheit A, die mit einer Häufigkeit von 1 : 4500 männliche Neugeborene betrifft, fehlt der Gerinnungsfaktor VIII. Ursache ist ein defektes Gen auf dem X-Chromosom. Zu den Symptomen gehören Spontanblutungen, die nur die Zugabe des fehlenden Gerinnungsfaktors gestoppt werden können.

1984 gelang es, das Gen für den Gerinnungsfaktor VIII zu klonieren und zu exprimieren. Faktor VIII ist das größte menschliche Proteinmolekül, das gentechnisch hergestellt werden kann. Im Sommer 1993 wurde Faktor VIII als erstes gentechnisch erzeugtes Medikament zur Behandlung zugelassen.

Fallbeispiel: Wachstumsfaktor

In der menschlichen Zirbeldrüse (Epiphyse) wird ein Wachstumshormon gebildet, welches das Größenwachstum des Körpers steuert. Menschen mit einem genetisch bedingten Mangel an Wachstumshormonen werden kaum größer als 120 Zentimeter. Eine Behandlung dieser Krankheit mit Wachstumshormonen war lange sehr kostspielig, da das Hormon aus Zirbeldrüsen Verstorbener gewonnen werden musste. Bis zu 700 Drüsen waren für die Behandlung eines Kindes nötig. Darüber hinaus bestand die Gefahr, durch

Verunreinigung mit Prionen die tödliche Creutzfeld-Jacob-Krankheit zu induzieren.
Heute wird das Wachstumshormon aus transgenen Bakterien gewonnen, sodass weder die Verfügbarkeit des Medikaments noch eine Ansteckungsgefahr ein Problem darstellt.
Dafür ergeben sich nun neue Probleme. Es gibt Hinweise, dass eine langfristige Behandlung mit Wachstumshormonen Leukämie hervorrufen kann. Die Gefahr des Missbrauchs beim Doping oder in der Tierzucht ist durch die leichte Verfügbarkeit des Hormons größer geworden.

5. Gentechnik im umwelttechnischen Einsatz

Die Erzeugung transgener Mikroorganismen zum Abbau von Giftstoffen in Abwässern, Abluft und Abfall oder zur Bildung technisch nutzbarer Enzyme kann in Zukunft eine industrierelevante Anwendung der Gentechnik sein. Beim mikrobiologischen Abbau giftiger Stoffe werden diese durch geeignete Enzyme in ungefährliche Zwischen- und Endprodukte zerlegt. Dabei ist der Giftstoff oder ein Zwischenprodukt des Abbaus zugleich Nährstoff, also Aufbaustoff und Energiequelle für die Bakterien.

Bis heute werden die Enzyme für die konventionelle Aufbereitung von Abwässern, Abluft und Abfall aus Lebewesen gewonnen. In Zukunft können sie eventuell durch Molekül-Design auf chemischem Weg hergestellt werden. Dabei werden zuerst exakte molekülphysikalische Analysen durchgeführt, um die Eigenschaften und das Aussehen einer Substanz präzise bestimmen zu können. Mit Hilfe intelligenter Software wird der Stoff dann verändert, bis er die gewünschte Struktur und Eigenschaft aufweist.

Man kennt heute transgene Bakterien, die Sonnenenergie in Wasserstoff umwandeln oder giftige Stoffe wie Toluol, Xylol, chlorierte Aromate und sogar Schwermetalle abbauen. Vielleicht lassen sich zukünfig mit solchen Mikroorganismen schadstoffbelastete Böden und Industrieabwässer sanieren.

6. Gentechnik im Freiland

Für den wirtschaftlichen Erfolg der Gentechnik in der Lebensmittelproduktion und Umwelttechnik ist die großflächige Anwendung eine Voraussetzung. Dies bedeutet aber ein Aussetzen transgener Lebewesen ins Freiland. Weltweit betrachtet ist die Grüne Gentechnik längst aus den Kinderschuhen entwachsen. Im Jahr 2001 bauten Landwirte in insgesamt 13 Ländern auf über 50 Millionen Hektar transgene Nutzpflanzen an. Die Dimension der Zahl wird anschaulich, vergleicht man sie mit den 17 Millionen Hektar Gesamtanbaufläche der deutschen Landwirtschaft. Die Anbauflächen für schädlingsresistenten Mais, Kartoffeln, denen Fäulnispilze nichts mehr anhaben können, oder Raps, der Herbizide toleriert, werden kontinuierlich ausgeweitet.

Brisant scheint die Situation in China, wo seit einigen Jahren Freisetzungen in großem Maßstab anscheinend ohne Sicherheitsmaßnahmen stattfinden.

Gesetzliche Regelungen für Pflanzenbau

In Deutschland ist der Anbau transgener Nutzpflanzen außerhalb kontrollierter Freisetzungsflächen bislang nicht erlaubt. Bei uns kommt der Umweltverträglichkeitsprüfung von transgenen Organismen eine bedeutende Rolle zu. Das deutsche Gentechnikgesetz von 1990/1993 sieht vor, veränderte Nutzpflanzen stufenweise zuerst im Labor, dann im Gewächshaus und im begrenzten Freilandversuch zu testen, bevor die Pflanzen auf größeren Ackerflächen – immer noch im kontrollierten Anbau – ausgebracht werden dürfen. Durch die am Einzelfall orientierte und schrittweise vorgenommene Risikobewertung soll sichergestellt werden, dass gentechnisch erzeugte Pflanzen und Nahrungsmittel für Mensch und Umwelt unbedenklich sind. Es soll auch verhindert werden, dass sich die neu ins Freiland eingebrachten Gene auf unerwünschtem Weg ausbreiten. Denkbar wäre S. 102 nämlich ein sog. vertikaler Gentransfer durch Kreuzung mit

Auszug aus dem deutschen Gentechnikgesetz

§ 1 Zweck des Gesetzes

Zwecke dieses Gesetzes ist,
1. Leben und Gesundheit von Menschen, Tiere, Pflanzen sowie die sonstige Umwelt in ihrem Wirkungsgefüge und Sachgüter vor möglichen Gefahren gentechnischer Verfahren und Produkte zu schützen und dem Entstehen solcher Gefahren vorzubeugen und
2. den rechtlichen Rahmen für die Erforschung, Entwicklung, Nutzung und Förderung der wissenschaftlichen, technischen und wirtschaftlichen Möglichkeiten der Gentechnik zu schaffen. (…)

§ 8 Genehmigung und Anmeldung von gentechnischen Anlagen

(1) Gentechnische Arbeiten dürfen nur in gentechnischen Anlagen (…) durchgeführt werden. Die Errichtung und der Betrieb gentechnischer Anlagen bedürfen der Genehmigung (…) Die Genehmigung berechtigt zur Durchführung der (…) gentechnischen Arbeiten zu gewerblichen oder zu Forschungszwecken. (…)

§ 14 Freisetzung und Inverkehrbringen

(1) Einer Genehmigung des Robert Koch-Institutes bedarf, wer
1. gentechnisch veränderte Organismen freisetzt,
2. Produkte in den Verkehr bringt, die gentechnisch veränderte Organismen enthalten oder aus solchen bestehen,
3. Produkte, die gentechnisch veränderte Organismen enthalten oder aus solchen bestehen, zu einem anderen Zweck als der bisherigen bestimmungsgemäßen Verwendung in den Verkehr bringt. (…)
(5) Der Genehmigung des Inverkehrbringens durch das Robert Koch-Institut stehen Genehmigungen gleich, die von Behörden anderer Mitgliedstaaten der Europäischen Gemeinschaften oder anderer Vertragsstaaten des Abkommens über den Europäischen Wirtschaftsraum nach gleichwertigen Vorschriften erteilt worden sind.

Der vollständige Gesetzestext findet sich z. B. unter der Internet-Adresse des Robert Koch-Instituts: www.rki.de.

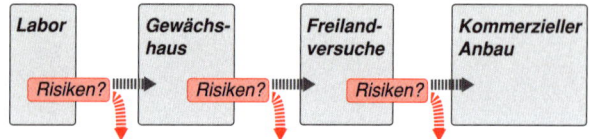

Risikobewertung beim Anbau transgener Nutzpflanzen

verwandten Arten oder ein horizontaler Gentransfer, bei dem fremde Gene auf nicht verwandte Organismen – insbesondere Bodenlebewesen – übertragen werden.

Offene Fragen

Die ökologischen Risiken, die mit der Ausbreitung transgener Pflanzen verbunden sind, werden in der Öffentlichkeit kontrovers diskutiert. So gibt es Laborversuche, die belegen, dass Pollen von transgenem Bt-Mais auch für die Larven des Monarchfalters tödlich ist. Dies ist besonders brisant, da Getreidepollen durch den Wind über ganze Landstriche verteilt werden. Zu klären ist daher auch, ob sich das Bt-Gift im Boden anreichern kann und ob es auch Kleinstlebewesen schädigt?

Weitere offene Fragen bleiben: Werden durch transgene herbizidresistente Nutzpflanzen Unkrautvernichtungsmittel in der Landwirtschaft vermehrt eingesetzt? Können die fremden Gene durch sog. Auskreuzen auch auf andere Organismen, Wildpflanzen oder Schädlinge übertragen werden? Verdrängen transgene Sorten die herkömmlichen und führen sie so zu einer Verarmung der Genressourcen? Welche Auswirkungen haben transgene Arten auf das Ökosystem im Ganzen? Können transgene Arten aus der Umwelt „zurückgeholt" werden, falls sich negative Auswirkungen zeigen? Ohne die Gefahren zu überschätzen, muss die Diskussion über Nutzen und Gefahren vorurteilsfrei intensiviert werden.

VII Gentechnik in der Humanmedizin

1. Die bisherigen Erfolge

Die Anwendung gentechnischer Methoden hat in der medizinischen Forschung und Therapie zu vielfältigen neuen Entwicklungen geführt. Neben neuen Diagnosemethoden und Medikamenten eröffnet sie auch neue Wege in der Therapie von Krankheiten bis hin zur gezielten Veränderung des Erbmaterials eines Menschen. Spätestens beim letzten Punkt wird deutlich, dass sich mit den Methoden der Gentechnik nicht nur neue medizinische Möglichkeiten ergeben, sondern auch ethische Probleme.

Gegenwärtig spielt die Gentechnik in der Humanmedizin bei der genetischen Diagnostik die wichtigste Rolle. Das sichere Erkennen von Erbkrankheiten ist inzwischen für die genetische Familienberatung ebenso unersetzlich wie für therapeutische Maßnahmen (s. u.). In der Gerichtsmedizin erlaubt die genetische Diagnostik beispielsweise in Form des DNA-Fingerprinting das sichere Identifizieren von kriminaltechnischem Spurenmaterial (S. 67).

Gentechnische Methoden wie das Klonieren von Fremd-DNA in Bakterienkulturen zur Erzeugung von Proteinen (z. B. Insulin) ermöglichen die Herstellung hochgereinigter Arzneimittel in unbegrenztem Ausmaß.

Die Gentherapie steht erst am Anfang der praktischen Bedeutung. Dieses neue Therapiekonzept zielt darauf, bestimmte genetische Erkrankungen durch die Übertragung intakter Gene zu behandeln. Man unterscheidet zwei gentherapeutische Behandlungsformen: Die *somatische Gentherapie,* bei der Körperzellen behandelt werden, beschränkt ▶ S. 105

Auszug aus dem deutschen Embryonenschutzgesetz

§ 1 Missbräuchliche Anwendung
von Fortpflanzungstechniken

(1) Mit Freiheitsstrafe bis zu drei Jahren oder mit Geldstrafe wird bestraft, wer (…)

2. es unternimmt, eine Eizelle zu einem anderen Zweck künstlich zu befruchten, als eine Schwangerschaft der Frau herbeizuführen, von der die Eizelle stammt, (…)

5. es unternimmt, mehr Eizellen einer Frau zu befruchten, als ihr innerhalb eines Zyklus übertragen werden sollen, (…)

§ 2 Missbräuchliche Verwendung
menschlicher Embryonen

(1) Wer einen extrakorporal erzeugten oder einer Frau vor Abschluss seiner Einnistung in der Gebärmutter entnommenen menschlichen Embryo veräußert oder zu einem nicht seiner Erhaltung dienenden Zweck abgibt, erwirbt oder verwendet, wird mit Freiheitsstrafe bis zu drei Jahren oder mit Geldstrafe bestraft. (…)

§ 6 Klonen

(1) Wer künstlich bewirkt, dass ein menschlicher Embryo mit der gleichen Erbinformation wie ein anderer Embryo, ein Fötus, ein Mensch oder ein Verstorbener entsteht, wird mit Freiheitsstrafe bis zu fünf Jahren oder mit Geldstrafe bestraft. (…)

§ 8 Begriffsbestimmung

(1) Als Embryo im Sinne dieses Gesetzes gilt bereits die befruchtete, entwicklungsfähige menschliche Eizelle vom Zeitpunkt der Kernverschmelzung an, ferner jede einem Embryo entnommene totipotente Zelle, die sich bei Vorliegen der dafür erforderlichen weiteren Voraussetzungen zu teilen und zu einem Individuum zu entwickeln vermag. (…)

Der vollständige Gesetzestext findet sich z. B. unter der Internet-Adresse des Robert Koch-Instituts: www.rki.de.

sich in ihrer Wirkung auf einen einzelnen Patienten. Bei der *Keimbahntherapie* wird ein Eingriff in den Keimzellen vorgenommen und eine genetische Veränderung auch bei den Nachkommen angestrebt. Die somatische Gentherapie, die sowohl der Behandlung von Erbkrankheiten als auch von Infektionskrankheiten dient, bietet günstige Aussichten für ein baldiges breites Anwendungsspektrum. Die Keimbahntherapie beim Menschen ist in Deutschland aufgrund des Embryonenschutzgesetzes von 1991 verboten.

Gentechnische Ansätze der Aids-Bekämpfung

Trotz intensiver weltweiter Forschung gibt es gegenwärtig kein Heilmittel gegen die erworbene Immunschwächekrankheit AIDS (acquired immune deficiency syndrome). Der zu den Retroviren zählende Erreger, das HI-Virus (human immunodeficiency virus), erzeugt mit dem Enzym Reverse Transkriptase von seiner Erbinformation, einem RNA-Molekül, eine DNA-Kopie (S. 61). Diese DNA-Kopien werden ins Genom der Wirtszellen (hier: die T-Helferzellen des Immunsystems) eingebaut, wo sie oft jahrelang bleiben, ohne der Körperabwehr eine Angriffsmöglichkeit zu bieten. Die Gentechnik bietet mehrere Ansatzpunkte zur Bekämpfung von Aids:

- *Mit gentechnisch erzeugten Proteinmolekülen des HI-Virus wurden Diagnoseverfahren entwickelt, mit denen Blut rasch und sicher auf den Virus hin getestet werden kann. Somit kann eine Ansteckung bei Bluttransfusionen nahezu vollständig ausgeschaltet werden.*
- *Andere gentechnisch gewonnene Substanzen ermöglichen neuartige therapeutische Ansätze bei einer vorliegenden Infektion. Ein gentechnisch nachgebauter Impfstoff (CD 4) blockiert Glykoproteine der Virushülle und unterbindet ein Andocken der Viren an die T-Helferzellen. Ein anderer Hemmstoff, das Azidothymidin, soll die Reverse Transkriptase unwirksam machen.*
- *Schließlich könnte die Vermehrung des Virus auch mit einer Antisense-DNA verhindert werden (S. 78). Kurze synthetische einsträngige DNA-Stücke binden mit einem entsprechenden mRNA-Abschnitt und blockieren so die Transkription.*

Ein breit wirksamer Impfstoff, mit dem eine HIV-Infektion verhindert und bekämpft werden könnte, ist bis heute noch nicht entwickelt.

2. Gendiagnostik

Die herkömmliche genetische Diagnostik beruht auf dem Erkennen von Wirkungen, die durch fehlerhafte oder fehlende Genprodukte hervorgerufen werden. Mit diesen indirekten Verfahren wurden Chromosomenanalysen schon seit längerer Zeit zu diagnostischen Zwecken herangezogen. Mit Hilfe der Gendiagnostik lassen sich nun auch die Ursachen von Funktionsstörungen erkennen. Gegenüber den herkömmlichen Methoden ermöglicht die direkte Genomanalyse auf der Basis der isolierten DNA eine viel weiter gehende Feststellung auch sehr feiner Genvariationen. Nun sind auch geringe Änderungen der DNA-Sequenz, die sich phänotypisch nicht auswirken, nachweisbar. Mit Hilfe von Restriktionsenzymen und Gelelektrophorese lassen sich diese deutlich sichtbar machen (S. 64).

Anwendung der Gendiagnostik

Besonders bedeutsam ist die Gendiagnostik für den Nachweis verborgener Viren (Proviren) und anderer parasitärer Erreger, deren Wirkungen sich schleichend ausweiten. Mit Hilfe geeigneter Gensonden lässt sich die Anwesenheit bestimmter Nukleinsäuresequenzen von Viren oder bakteriellen Krankheitserregern bereits im Frühstadium sicher identifizieren. Die Gendiagnostik ist gerade bei solchen Infektionskrankheiten vorteilhaft, bei denen der indirekte Nachweis über die Antikörperbildung gegen diese Erreger bisher schwierig war. Dies gilt für HIV (Aids), Hepatitis-B-Viren (Leberentzündung), Mycobacterium tuberculosis (Lungentuberkulose) oder Neisseria gonorrhoe (eine Geschlechtskrankheit).
Zunehmend wichtig wird der Nachweis bestimmter genetischer Veränderungen in der DNA menschlicher Zellen bei

der genetischen Familienberatung sowie der prä- und post-
natalen Diagnostik. Allerdings sind nur die wenigsten Erbkrankheiten des Menschen monogen, also durch die Veränderung eines einzigen Gens bedingt. Die Mehrzahl hat mul-
tifaktorielle Ursachen, d. h., diese Erbkrankheiten können
sowohl durch mehrere Gene als auch durch Umwelteinflüs-
se ausgelöst werden. Ob eine bestimmte genetische Disposi-
tion zum Ausbruch der Krankheit führt, hängt auch von der
Lebensweise ab.

Wird etwa eine erbliche Krebserkrankung diagnostiziert,
kann in bestimmten Fällen eine frühzeitige vorsorgliche
Operation den Ausbruch der Krankheit verhindern. Zugleich
kann durch eine Gendiagnose nicht betroffenen Verwandten
die Angst vor einer Krebserkrankung genommen werden.

Die Entwicklung von Gentests ist mit hohen Kosten verbunden. Darum wird insbesondere an Nachweisverfahren für
weit verbreitete Erbkrankheiten geforscht.

Fallbeispiel: Chorea Huntington

*Chorea Huntigton (Veitstanz) ist ein monogenes Erbleiden.
Da hier ein dominanter Erbgang vorliegt, muss nur eines
der beiden Allele den Gendefekt aufweisen. Die Krankheit
bricht meist erst im mittleren Erwachsenenalter aus und
führt zu Bewegungsstörungen, Wahnvorstellungen und im
Spätstadium zum Verlust geistiger Fähigkeiten. Seit 1993
lässt sich die Krankheit mit einem Gentest sicher nachweisen. Eine frühzeitige medikamentöse Behandlung kann die
Symptome mildern, ohne aber eine Heilung zu bewirken.*

Die Gendiagnostik stellt Betroffene vor ein Dilemma: Sie
wissen nun, dass sie im Laufe ihres Lebens an diesem un-
heilbaren Leiden erkranken werden, Verwandte erfahren
eventuell von ihrem hohen Erkrankungsrisiko. Auf der anderen Seite kann der Test Familienmitgliedern, bei denen
keine krankheitsrelevante genetische Veränderung diagnostiziert wird, im Hinblick auf ihren Wunsch nach Kin-
dern oder andere Aspekte ihrer Lebensplanung Gewissheit
geben.

Krankheiten, für die Gentests existieren (Beispiele)

- *Chorea Huntington (früher: Veitstanz)*

1983 wurde aufgrund jahrzehntelanger Familienuntersuchungen ein indirekter Gentest entwickelt. Er wurde 1993, nachdem das Gen identifiziert war, von einem direkten Gentest abgelöst. Das Gen für die Chorea Huntington liegt auf Chromosom 4.

- *Mukoviszidose (Cystische Fibrose)*

Bei Menschen, die an Mukuviszidose erkrankt sind (allein in Deutschland etwa 10 000), ist der Salz- und Wasserhaushalt gestört. Unter anderem füllt zäher Schleim die Lunge und erschwert das Atmen. Die durchschnittliche Lebenserwartung der Betroffenen liegt heute bei etwa 30 Jahren. Das betreffende Gen wurde bereits 1989 auf dem Chromosom 7 identifizert. Nur wenn ein Kind sowohl von der Mutter als auch vom Vater eine defekte Version des Gens geerbt hat, bricht die Krankheit aus. In dem betreffenden Gen kennt man heute zahlreiche Mutationen, die einen unterschiedlichen Krankheitsverlauf zur Folge haben.

- *Phenylketonurie*

Bei diesem Stoffwechselleiden kann eine in Lebensmitteln enthaltene Aminosäure (Phenylalanin) nicht abgebaut werden. Dies führt zu schwerer geistiger Behinderung. Das Gen für Phenylketonurie liegt auf Chromosom 12. Bei frühzeitiger Diagnose kurz nach der Geburt können mit Hilfe einer entsprechenden phynylaninfreien Diät die Schädigungen vermindert werden.

- *Retinitis pigmentosa*

Bei dieser Erkrankung der Augen kommt es zu einem fortschreitenden Abbau der Netzhaut, der schließlich zum Erblinden führt. Das betreffende Gen liegt auf Chromosom 3.

- *Polyzystische Nierenerkrankung*

Bei dieser Krankheit, die erst im fortgeschrittenen Alter auftritt, führen Zysten zu einer Nierenvergrößerung und zum Nierenversagen. Das Gen für diese Krankheit liegt auf Chromosom 16.

Offene Fragen

Gendiagnostik ist zweifellos sinnvoll, wenn die diagnostizierten Krankheiten auch therapierbar sind. Was aber bedeuten neue, erweiterte Diagnosemöglichkeiten für Betroffene, wenn keine Aussicht auf Heilung oder Therapie besteht? Wie gehen sie mit dem Wissen um, ein Krebsgen zu tragen und relativ sicher irgendwann in ihrem Leben an Krebs zu erkranken? Neuartige Probleme ergeben sich auch für werdende Eltern, wenn man die sehr feinen DNA-Sequenzanalysen mit der pränatalen Diagnostik verbindet. Wie sollen sie mit dem Wissen über eine vorliegende, mehr oder weniger schwere genetische Belastung ihres Kindes umgehen? Gentests erlauben nicht, das Auftreten oder den Verlauf einer Krankheit mit Sicherheit vorauszusagen.

Wie also soll man die Potenziale der Gendiagnostik nutzen und wo und von wem sollten Grenzen gezogen werden?

3. Gentherapie

Beim Konzept der Gentherapie setzt man direkt am Ursprungsort einer Erbkrankheit an, indem mutierte defekte Gene durch funktionsfähige ersetzt werden. Insbesondere bei monogenen Erbkrankheiten, bei denen ein einzelnes Gen für eine Funktionsstörung verantwortlich ist, verspricht man sich in den nächsten Jahren Behandlungserfolge. Gegenwärtig gelten noch so gut wie alle genetisch bedingten Krankheiten als nicht heilbar.

Fallbeispiel: Adenosin-Desaminase-Mangel

Die erste gentherapeutische Behandlung wurde 1990 in den USA an einem vierjährigen Mädchen mit einer erblichen Immunschwächekrankheit (Adenosin-Desaminase-Mangel) durchgeführt. Man entnahm aus dem Blut des Kindes Lymphozyten, setzte ihnen klonierte funktionsfähige Kopien des entsprechenden Gens ein und vermehrte die Zellen in einer Kulturlösung. Nach Rückübertragung der Zellen mit intakter Genfunktion und begleitender Behandlung entwickelte das Kind ausreichend Abwehrkräfte.

Somatische Gentherapie

Bei der somatischen Gentherapie an Körperzellen unterscheidet man zwischen einem Gentransfer, der im Körper des Patienten stattfindet (In-vivo-Gentherapie), und einer Übertragung bei entnommenen Zellen in einer Laborkultur (Ex-vivo-Gentherapie).

Für die Ex-vivo-Gentherapie entnimmt man Patienten Zellen des kranken Gewebes, transfiziert diese mit Hilfe eines Vektors und führt sie ihnen nach Vermehrung in Kultur wieder zu. Selbstverständlich muss dafür gesorgt werden, dass sich die zum Einschleusen des Gens verwendeten Vektoren keinesfalls in den Zellen vermehren und dass sie sich weder von Mensch zu Mensch noch über die Keimzellen weiterverbreiten.

Schwierigkeiten ergeben sich bei der Gentherapie dadurch, dass man keine ausreichende Kontrolle über die Regulation des eingesetzten Gens hat. Auch stellen verpflanzte Gene meist schon nach wenigen Tagen oder Wochen ihre Aktivität wieder ein.

Fallbeispiel: Ex-vivo-Gentherapie an der Leber

Die Leber ist ein Organ mit hoher Regenerationsfähigkeit, das abgetrennte Teile rasch ersetzt. Viele Stoffwechselerkrankungen haben ihre primäre Ursache in Gendefekten der Leber. So leiden Patienten mit angeborenem hohem Cholesterinspiegel (familiäre Hypercholesterinämie) an extremer Arteriosklerose, die oft schon mit 20 Jahren zum Herzinfarkt führt. Die Krankheit beruht auf einem Fehlen von LDL-Rezeptoren (low density lipoprotein), an denen bei gesunden Menschen cholesterinhaltige Fettmoleküle andocken.

Zur Ex-vivo-Gentherapie gewinnt man aus abgetrenntem Lebergewebe einzelne Zellen, in die mit Hilfe eines Retrovirus das Gen für LDL-Rezeptoren eingeschleust wird. Diese transformierten Zellen werden in Kultur vermehrt und anschließend über die Pfortader in die Leber gebracht. Die veränderten Zellen siedeln sich hier an und bilden das zuvor fehlende Eiweiß.

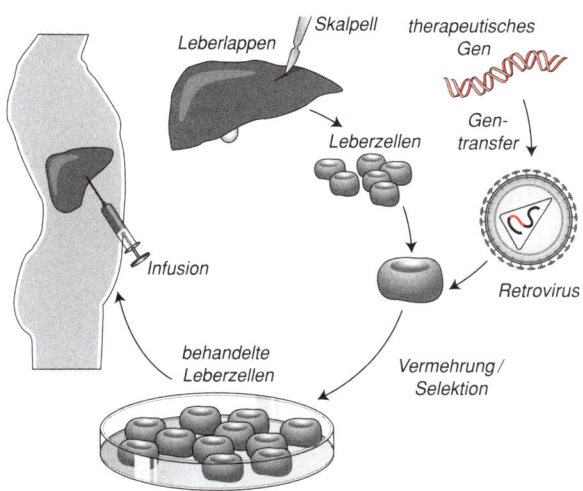

Ex-vivo-Gentherapie der Leber

Fallbeispiel: In-vivo-Gentherapie an der Lunge

Mukoviszidose ist eine Erbkrankheit, bei der in der Lunge und in anderen Organen erhöhte Mengen zähflüssigen Schleimes gebildet werden. Die Patienten leiden schon im Säuglingsalter an Atemnot und chronischer Bronchitis. Ursache ist ein defektes Gen auf Chromosom 7, durch das ein fehlerhaftes Kanalprotein für Chloridionen entsteht. Aufgrund des defekten Ionenkanals können die Schleimhautzellen der Lunge nicht genügend Wasser austreten lassen, der Schleim wird zähflüssig.

In dem betreffenden Gen, das rund 250 000 Basenpaare umfasst, kennt man über 600 verschiedene Mutationen, die zu unterschiedlich schweren Formen von Mukoviszidose führen.

Bei der In-vivo-Gentherapie atmen die Patienten ein Spray ein, das ein therapeutisches Gen enthält und in Adeno-Viren als Vektoren verpackt ist. Die Adeno-Viren wurden zuvor so behandelt, dass ihre Vermehrbarkeit eingeschränkt ist und sie den Patienten möglichst nicht schädigen. Man

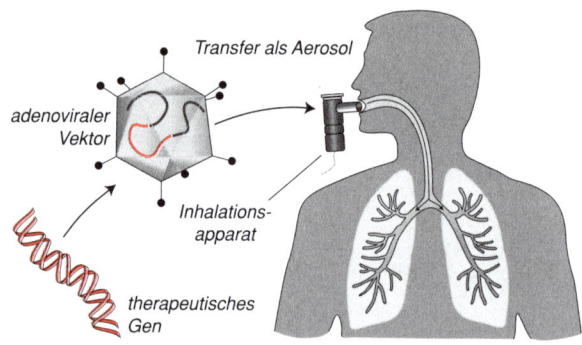

Transfer als Aerosol

adenoviraler
Vektor

Inhalations-
apparat

therapeutisches
Gen

In-vivo-Gentherapie an der Lunge

verwendet bisher harmlose Schnupfenviren, die die Zellen
des Lungengewebes als Zielzellen erkennen. Die Viren infizieren Lungenzellen und schleusen das therapeutische Gen
ein. Bei hoher Konzentration kommt es häufig zur Lungen-
entzündung als unerwünschter Nebenwirkung. Wird das
Gen in Fettkügelchen (Liposomen) verpackt, ist das In-
halieren nebenwirkungsfrei, allerdings aber auch wenig
wirksam.

Fallbeispiel: Gentherapeutische Krebsbehandlung

Bei 70 % aller bisherigen Gentherapien ging es um die Behandlung von Krebserkrankungen. Dabei verfolgt man
zwei verschiedene Wege:
Bei der sog. **Selbstmord-Gentherapie** werden Gene über
Retroviren eingeschleust, die ausschließlich Tumorzellen
befallen. Die infizierten Zellen erzeugen ein bestimmtes
Enzym. Patienten erhalten nach einigen Tagen ein antivira-
les Medikament, das jede Tumorzelle abtötet, die das betreffende Enzym enthält. Gleichzeitig setzen die absterben-
den Tumorzellen Giftstoffe frei, die benachbarte Tumorzellen ebenfalls vernichten.
Bei der **Immuntherapie** (auch: Krebsimpfung) soll ein eingeschleustes Gen die Immun- oder die Tumorzellen so verändern, dass eine starke Immunantwort gegen Krebs erzeugt wird.

Keimbahntherapie

Ziel einer Keimbahntherapie ist es, durch genetische Eingriffe Gendefekte in den Keimzellen zu beheben. Damit erstreckt sich ihre Wirkung auch auf folgende Generationen. Sowohl bei Mikroorganismen als auch bei Tieren ist diese Methode eine Standardtechnik und potenziell können auch die Keimbahnzellen des Menschen verändert werden.

Trotz eines Verbots der Forschung mit menschlichen Keimzellen in Deutschland sollte die Diskussion um die Bedeutung einer Keimbahngentherapie geführt werden. Zum einen bietet sich mit ihr die Möglichkeit, defekte Gene auch für die Nachkommen zu korrigieren. Zum anderen erschließt die Methode aber auch die Möglichkeit, dem menschlichen Genom beliebige genetische Eigenschaften hinzuzufügen. Gerade in diesem Punkt gibt es einen weitgehenden Konsens der Ablehnung eines Eingriffes in die menschliche Keimbahn.

4. Das Humangenomprojekt

1990 startete das größte biologische Forschungsprojekt aller Zeiten, bei dem mit einem Aufwand von über drei Milliarden US-Dollar das Genom des Menschen vollständig entschlüsselt werden sollte. Über 1000 Wissenschaftler aus mehreren Nationen arbeiteten unter der Koordination der internationalen Human Genome Organisation (HUGO) zusammen, bis sie im Juni 2000 mit der Aussage an die Öffentlichkeit traten, 97 % des menschlichen Erbgutes seien entschlüsselt. Tatsächlich hatten die Forscher lediglich die exakte Nukleotidfolge der DNA, also die „Buchstabenfolge" des menschlichen Genoms mit rund drei Milliarden Basenpaaren entziffert. Nur rund 1,5 % dieser drei Milliarden Buchstaben sind als Gene angelegt und kodieren Proteinstrukturen, die restlichen 98,5 % setzen sich aus Abschnitten zusammen, die zwischen oder innerhalb von Genen liegen. Ihre genaue Bedeutung ist noch weitgehend unbekannt. Evolutionsbiologisch wirken sie aber gewissermaßen wie „Spielkopien", aus denen immer wieder einmal wichtige neue Gene entstehen können.

Die eindeutige Identifizierung der 30 000 bis 40 000 Gene des Menschen ist zum allergrößten Teil noch nicht erfolgt. Noch weniger weiß man, welche Bedeutung die jeweiligen Genprodukte für das Zusammenwirken im menschlichen Körper haben und welche Wechselwirkungen es zwischen Genen, Körper und Umwelt gibt.

Designer-Proteine

Eine neue Forschungsrichtung, die sich von der Gentherapie ableitet, befasst sich mit dem **Protein-Design***. Dabei wird versucht, die Struktur und Funktion der menschlichen Eiweiße zu entschlüsseln, um maßgeschneiderte Medikamente herzustellen. Anhand bekannter Gensequenzen sollen leistungsstarke Rechner Eiweißstrukturen simulieren und die dreidimensionale Form der verschiedenen Eiweiße ermitteln. Kennt man die exakte Form eines defekten Proteins, kann man gezielt ein entsprechendes Medikament entwickeln, das an diesem Protein andockt und es dadurch unschädlich macht.*

Die Erforschung des **Proteoms,** *also der Gesamtheit der Proteine, die von Zellen erzeugt werden können, erfordert einen noch wesentlich höheren technischen Aufwand als das Humangenomprojekt. Schließlich ist das Genom eine lediglich eindimensionale Bauanleitung zur Bildung von dreidimensionalen Eiweißmolekülen.*

VIII Chancen und Risiken

1. Zukunftsperspektiven

Wie kann man sich die weitere Entwicklung der Gentechnik vorstellen? Bei dieser Frage ist zwischen dem wissenschaftlichen Fortschritt und der öffentlichen Diskussion zu unterscheiden. Der wissenschaftliche Kenntnisstand und die daraus ableitbaren Perspektiven für die nahe Zukunft wurden in den vorangehenden Kapiteln dargestellt.

Wie aber begleitet und beeinflusst die aktuelle öffentliche Diskussion diese Entwicklung? Das Spektrum der Standpunkte reicht von ungeteilter Zustimmung bis zur grundsätzlichen Ablehnung. Die einen sind vom industriellen und kommerziellen Potenzial fasziniert und sehen ein gentechnisches Zeitalter des Wohlstandes am Horizont, die andern befürchten eine Freisetzung hochgefährlicher transgener Arten in die Biosphäre und wieder andere streiten dem Menschen schlichtweg das Recht ab, jedwede Art von Lebewesen auf gentechnische Art verändern zu dürfen.

2. Angewandte Bio-Ethik

Unter Ethik versteht man die moralisch-sittlichen Grundsätze, die unser Handeln – als Individuen und als Gemeinschaft – verbindlich bestimmen. Ethische Standpunkte haben sich aber im Laufe der Menschheitsgeschichte immer wieder gewandelt. Im Mittelalter waren beispielsweise Obduktionen unvorstellbar, selbst die Einteilung des Tages in Stunden galt als Zerstückelung der göttlichen Ewigkeit.

Ethische Fragen lassen sich auf mehreren Ebenen diskutieren. Eine Ordnungsethik stellt aufgrund der Menschenwürde Überlegungen dazu an, innerhalb welcher Grenzen sich menschliches Handeln bewegen darf. Die Gesinnungsethik beschäftigt sich mit den Zielen und Motiven des Handelns. Die Verantwortungsethik umfasst die Folgen von Handlungen, die zu antizipieren und mit zu verantworten sind. Gerade die für eine technologische Zivilisation geforderte Ethik muss eine Verantwortungsethik sein, die auch die Auswirkungen technologischer Entwicklungen abschätzt. Dabei geht es letztlich um die Definition: Welche Handlungen sind richtig und damit ethisch vertretbar und welche falsch und somit zu unterlassen. Zu entscheiden und abzuschätzen ist also beispielsweise: Darf einem schwer kranken Menschen eine mögliche Heilung verweigert werden, die nur mit gentechnischen Verfahren möglich ist? Welche Auswirkungen haben diese gentechnischen Verfahren über diese Behandlung hinaus?

Da die Gentechnik am genetischen Code des Lebens arbeitet, lassen sich Wissenschaft und Ethik hier nicht trennen. Der Eingriff in die menschliche Keimbahn ist in diesem Zusammenhang sicherlich eines der heikelsten Themen. Die ethische Frage nach den Grenzen der Gentechnik kann nicht wissenschaftlich, sondern nur von der Gesellschaft als Ganzes beantwortet werden. Grundsätzlich sind gentechnische Verfahren verantwortungsethisch nicht abzulehnen. Ziele, Risiken und Ergebnisse müssen aber überschaubar und vertretbar sein. Doch verstehen wir heute schon genug von unserer Einbettung in das komplexe Gefüge der Biosphäre? Kennen wir die Auswirkungen auf künftige Generationen – und mit welchem Grad an Sicherheit?

3. Die Möglichkeiten

Der Gentechnik werden große Chancen bei der Lösung vieler gegenwärtiger und zukünftiger Probleme zugemessen. Dies gilt sicher für die Bereiche Pharmazie und Medizin sowie Ernährung und Umweltschutz.

Gentechnisch hergestellte Medikamente gehören heute schon zu Standardprodukten der *Pharmaindustrie*. Mit Hilfe transgener Insekten und anderer Tiere soll künftig der Kampf gegen globale Seuchen wie Malaria oder Gelbfieber geführt werden. Neuartige Wege der Produktion von Arzneimitteln erlauben die Behandlung von gegenwärtig nicht therapierbaren Krankheiten.

In der *Humanmedizin* konzentriert sich die somatische Gentherapie auf die drei Felder: Erbkrankheiten wie Mukoviszidose, erworbene Krankheiten wie Aids und verschiedene Arten von Krebserkrankungen. Die Gendiagnostik wird die Möglichkeiten der medizinischen Diagnostik erheblich erweitern. Dabei wird zum einen die Zahl vorgeburtlich nachweisbarer Erkrankungen erhöht, zum anderen die Zahl der Nachweise von Gendefekten bei noch gesunden Menschen. Das Humangenomprojekt wird helfen, Krankheiten auf molekularer Ebene zu verstehen, und damit Wege eröffnen, Proteine oder Gene gezielt therapeutisch einzusetzen.

In der *Pflanzenzucht* wird gegenwärtig schon mit allen wichtigen Kulturpflanzen gentechnisch gearbeitet. Durch die Verwendung transgener Pflanzen wird es möglich sein, die Nahrungsmittelproduktion unter umweltschonenden Bedingungen erheblich zu steigern. Schädlings- und herbizidresistente Sorten, die einen verringerten Einsatz an Chemikalien zulassen, können einer nachhaltigen Landwirtschaft dienen. Neben der Menge der produzierten Nahrung spielt auch die Qualität eine Rolle für die Sicherung der Ernährung. Transgene Pflanzen mit verbesserten Inhaltsstoffen und erhöhtem Nährwert werden einen wichtigen Beitrag dazu leisten. Die gentechnische Produktion von pflanzlichen Enzymen, Aroma- und Zusatzstoffen für die Futtermittelherstellung wird ebenso bedeutsam werden wie die Erzeugung von technisch verwertbaren Stoffen wie beispielsweise hocheffiziente Waschmittel oder Gentech-Enzyme für die Leder- und Papierverarbeitung.

In der *Tierzucht* zeichnet sich für den Einsatz transgener Nutztiere ein weites Feld ab. Zu den aussichtsreichen Anwendungen der Gentechnik gehört hier die Nutzbarmachung tierischer Organe für Transplantationen auf den Menschen. Eine Unterbindung gentechnischer Methoden könnte, angesichts eines zunehmenden Bedarfs an Spenderorganen, Betroffenen eine lebensrettende Möglichkeit nehmen. Gentechnische Methoden tragen in der Forschung dazu bei, Tierversuche durch effiziente In-vitro-Verfahren zu ersetzen.

In Zukunft wird die Gentechnik auch eine wichtige Rolle für den jeweiligen Wirtschafts- und Forschungsstandort spielen. Schon jetzt versprechen bestimmte Biotechnologieaktien hohe Gewinnchancen und in allen Industriestaaten entstehen sog. Bio-Regionen, in denen Bio- und Gentechnik als Schlüsseltechnologien besonders gefördert werden.

4. Die Gefahren

Ein völliger Risikoausschluss ist für keine Technik möglich. Entscheidungen über die Zumutbarkeit von Risiken beruhen auf einer verantwortungsvollen Abwägung nach bekanntem Wissensstand. Die Risikoanalyse versucht, die mit Produkten, Verfahren und Technologien verbundenen Risiken für Mensch und Natur abzuschätzen. Sollten Zweifel an der Sicherheit eines Produktes bestehen, gleich in welchem Abschnitt seines Entstehungsprozesses, ist die Herstellung oder Vermarktung abzulehnen. Zur Gewährleistung der Sicherheit muss ein umfassender gesetzlicher Rahmen geschaffen werden, der Zulassung und Prüfverfahren regelt. Unbekannte Risiken können logischerweise nicht berücksichtigt werden. Niemand ist gegenwärtig in der Lage, Zumutbarkeit oder Unzumutbarkeit etwaiger Risiken der Gentechnik logisch einwandfrei und gesichert zu belegen. Umso mehr Gewicht kommt einer offenen Diskussion der vorhandenen Ergebnisse zu. Dabei darf die Gentechnik nicht als Scheinlösung für verfehlte Methoden in der Landwirtschaft und der Nahrungsmittelproduktion oder gar der globalen Ressourcenverteilung herangezogen werden.

Die Weiterentwicklung der Gendiagnose darf auch nicht dazu führen, dass genetische Kennzeichen für menschliche Eigenschaften wie Leistungsfähigkeit, Krankheiten, Charakter oder Intelligenz in Form eines „Genpasses" offengelegt und Versicherungen, Arbeitgebern oder anderen Außenstehenden zugänglich würden. Aber auch Betroffene haben ein primäres Recht auf Nichtwissen – beispielsweise in Bezug auf bestimmte genetische Veranlagungen.

Manche Kritiker lehnen gentechnische Eingriffe beim Menschen grundsätzlich ab. Sie sehen darin eine Eugenik, also eine vorsätzliche Beeinflussung des Genpools der menschlichen Population. Andere wiederum vergleichen die Übertragung von Genen in Körperzellen mit der Transplantation von Organen. „Menschen-Design", also die Zucht von gentechnisch maßgeschneiderten Personen, bereitet gegenwärtig und noch für lange Zeit unüberwindbare Schwierigkeiten. Dennoch ist es wichtig, dass die Bioethikkonvention des Europarates jede Form der Erzeugung genetisch identischer Menschen verbietet.

Militärischer Missbrauch

Die gentechnische Entwicklung von Krankheitserregern für militärische Zwecke ist in Deutschland durch das Kriegswaffenkontrollgesetz verboten.

Nach der Genfer Konvention ist aber gentechnische „Schutzforschung" zur Entwicklung von Abwehrmaßnahmen erlaubt. Wichtig wäre in diesem Zusammenhang, dass die Ergebnisse einer solchen Forschung weltweit öffentlich gemacht werden.

Genforscher kennen heute schon maßgeschneiderte „Super-Erreger", die kaum zu bekämpfen sind. So wurde der tödliche Faktor des Milzbrand-Erregers auf harmlose Darmbakterien übertragen. Aus antibiotikaresistenten Bakterien können problemlos die entsprechenden Gensequenzen auf gefährliche Seuchenerreger übertragen werden. In der Hand von Terroristen wären solche veränderten Erreger verheerend.

Die Erzeugung von gentechnisch hergestellten Biowaffen wird auch als „Schwarze Gentechnik" bezeichnet.

Patente auf Gene

Ein Patent gewährt das Recht, eine Erfindung zeitlich begrenzt exklusiv wirtschaftlich nutzen zu können. Der Genvorrat aller Lebewesen ist ein globales Gemeingut. Also ist es scheinbar absurd, Patente auf Gene zu erteilen. Andererseits ist zur Identifizierung, Isolierung und Klonierung von Genen Erfindungsreichtum nötig, was nach Meinung mancher Forscher ein vorübergehendes Exklusivrecht an bestimmten Genen rechtfertigt. Für die Industrie bedeutet ein Patentrecht zugleich Schutz, um in die Entwicklung eines bestimmten Stoffes investieren zu können.

Die Humangenomforscher haben sich 1997 in der Bermuda-Konvention verpflichtet, alle mit öffentlichen Geldern gewonnenen Gensequenz-Daten allgemein zugänglich zu machen. Was die Patentierung von Genen insgesamt anbetrifft, sind gegenwärtig bezüglich des internationalen Patent-, Urheber- und Wettbewerbsrechtes noch zahlreiche Fragen offen.

5. Überwindung des Leib-Seele-Dualismus

Die Wirkkraft der Gene gehört ebenso zum Ganzen unseres Wesens wie die fortschreitende Entwicklung unseres Einsichtsvermögens und unserer Urteilsfähigkeit. Damit lässt sich der Mensch nicht in zwei Teile auftrennen, einen Körpermenschen, mit dem sich die Biologie befasst, und einen Geistmenschen, der in das Reich des Kulturlebens mit Vernunft, Kreativität und Moral fällt. Das Wissen um die Einzigartigkeit des biokulturell ganzen Menschen macht vieles deutlicher, wenn auch nicht einfacher.

Unbestritten ist, dass es auf allen Gebieten der praktischen Gentechnik neue Fragestellungen gibt. Dies gilt für Probleme der Risikobewertung ebenso wie für kommerzielle Aspekte und grundlegende Standpunkte der Moral und Ethik. Die Diskussion solcher Fragen kann ernsthaft aber nur auf der Basis sachlicher Kenntnisse über die Methoden der Gentechnik und deren biologischen Hintergrund geführt werden. Damit gehört das Wissen über die Struktur und Funktion der DNA genauso zum kulturellen Erbe der

Menschheit wie das über die Werke von Goethe und Shakespeare, Leonardo da Vinci oder Einstein. Ein Kanon über Bildungsinhalte ohne Grundkenntnisse der Biologie und der anderen Naturwissenschaften ist daher nicht nur unvollständig, sondern obsolet. Erforderlich erscheint vielmehr eine Erweiterung des naturwissenschaftlichen Unterrichts an den Schulen, um ein fundiertes Verständnis der naturwissenschaftlichen und technologischen Zusammenhänge zu erreichen.

Literatur

Berg, P., und M. Singer: Die Sprache der Gene. Heidelberg 1993

Brandt, P. (Hrsg.): Zukunft der Gentechnik. Basel 1997

Brown, T. A.: Moderne Genetik. Heidelberg 1999

Gassen, H., und K. Minol (Hrsg.): Gentechnik. Stuttgart 1996

Hampel, J., und O. Renn (Hrsg.): Gentechnik in der Öffentlichkeit. Stuttgart 1999

Harreus, D. (Hrsg.): Gentechnologie. Berlin 1999

Hennig, W.: Genetik. Heidelberg 2002

Kempken, F., und R.: Gentechnik bei Pflanzen. Berlin 2000

Regenass-Klotz, M.: Grundzüge der Gentechnik. Basel 2000

Riewenherm, S.: Gentechnologie. Hamburg 2000

Schallies, M., und K. D. Wachlin (Hrsg.): Biotechnologie und Gentechnik. Berlin 1999

Wüstner, K.: Genetische Beratung: Risiken und Chancen. Bonn 2000

Internet-Adressen

Robert Koch-Institut: www.rki.de – Suchmaschine, Informationen zur Gentechnik-Gesetzgebung und Link-Datenbank zu Gentechnik-Informationen inner- und außerhalb des Instituts

Bundesinstitut für gesundheitlichen Verbraucherschutz und Veterinärmedizin: www.bgvv.de – Informationen über Verordnungen und Gesetze zum Verbraucherschutz

Max-Planck-Institut für Züchtungsforschung: www.mpiz-koeln.mpg.de – Informationen zur „Grünen" Gentechnik

Spektrum der Wissenschaften: www.spektrum de – Website der Zeitschrift „Spektrum der Wissenschaften" mit einer umfangreichen Sammlung wissenschaftlicher Artikel

TransGen (Verbraucher Initiative e. V.): www.transgen.de – Informationsdienst über Gentechnik in Lebensmitteln, Datenbank zu Informationen über bestimmte Lebensmittel

LifeScience.de: www.lifescience.de – Internetmagazin für Gen- und Biotechnologie

Deutsches Humangenomprojekt: www.dhgp.de – Umfangreiche Informationen zum Stand des Humangenomprojekts

Greenpeace: www.greenpeace.de – Informationen zu Kampagnen gegen gentechisch veränderte Lebensmittel, Genpatentierungen u. Ä.

Deutsche Vereinigung Biotechnologie (DIB) im Verband der Chemischen Industrie (VCI): www. vci.de – unter „BioTech DIB" aktuelle Stellungnahmen zur Gentechnik-Diskussion und zur rechtlichen Situation deutscher Gentechnik-Firmen

Redaktioneller Hinweis: Die in diesem Buch angegebenen Internet-Adressen wurden überprüft. Dennoch können wir nicht ausschließen, dass unter einer solchen Adresse inzwischen ein anderer Inhalt angeboten wird.

Bildnachweis: Die Fotos auf den Seiten 8/9, 74/75 und 90/91 wurden von Monsanto Agrar Deutschland GmbH, Düsseldorf, freundlicherweise zur Verfügung gestellt.

POCKET THEMA
für Einsteiger und Neugierige

Alltagsrelevantes Wissen, historische, populärwissenschaftliche und politisch-kulturelle Themen werden hier knapp und übersichtlich dargestellt.

Die POCKET-THEMA-Bändchen im Überblick:

Verfasser	Titel	ISBN 3-589-
R. Zimmer	Philosophie: Von der Aufklärung bis heute	21499-6
M. MacPhail	Englisch im Internet	21536-4
K.-D. Bünting	Grammatische Fallen vermeiden	21537-2
J. Greving	Wirtschaft verstehen	21538-0
H.-P. Götz	Unsere Erde im Universum	21539-9
M. Krause	Kleine Geschichte der Raumfahrt	21540-2
P. Fischer	Erfindungen, die die Welt veränderten	21541-0
S. Reuthner	Grundwissen Psychologie	21542-9
K. Hoba	Judentum	21619-0
A. Block	Klima und Wetter	21620-4
Udo Quak	Mathematik verstehen	21627-1
W. Kleesattel	Evolution	21632-8
J. Greving	Europäische Union	21429-5
M. Gressmann	Technisches Alltagswissen	21652-2
W. Kleesattel	Gentechnik	21661-1
S. Sonnenberg	USA	21660-3
D. Clarke	Wörterbuch der Stolpersteine: Englisch	21793-6
Computer easy	Internet	21531-3
Computer easy	Textverarbeitung mit Word	21532-1
Computer easy	Umgang mit Windows Me	21534-8
Computer easy	Tabellenkalkulation mit Excel	21535-6

Fragen Sie bitte
in Ihrer Buchhandlung!